이동희 교수의
미국건축 이야기

Essay on American Architecture
by Dong-Hee Lee

개정판을 내면서

시인이 되려던 산골 소년이 건축가의 꿈을 품고 공업고등학교에 진학한 지도 어언 40년째! 지금도 간직하고 있는 당시의 빛바랜 건축계획 교과서에는 페이지 하나 건너마다 미국건축 사진들이 우상(偶像)처럼 모습을 드러내고 있다. 십여 년 전 펜실베이니아대학 건축학과 방문교수로 근무하면서, 나는 시간이 날 때마다 마치 성지순례를 하듯 마음속에 품고 있던 책 속의 건축물들을 하나하나 둘러보았다.

우리나라와는 또 다른 청정한 공기, 눈 부신 햇살의 세례를 담뿍 받으며, 드디어 그리던 건축물들과 마주한 순간, 아! '바운스, 바운스~' 어떤 노랫말처럼 심장이 두근거렸다. 당시 사십 대 중반이던 나의 가슴이 열일곱 그때로 돌아가 다시 뛰고 있음을 경험했다. 그것은 말로 표현할 수 없는 설렘과 환희였으며, 마음을 촉촉이 적시는 감동의 순간이었다. 그때 느낀 그 공기, 그 햇살, 그 건축풍경을 그대로 누군가에게 전해주고 싶었다.

* * *

이 책은 2013년 2월과 12월에 각각 초판과 재판이 발간된 후 출판사 사정으로 오랫동안 절판 상태였다. 그동안 한국과 일본에서 '미국건축'을 주제로 여러 차례 강연하면서, 많은 사람으로부터 책을 구할 수 없느냐는 질문을 받았다. 특히 대학 진학에 앞서 진로를 탐색하는 고등학생들이나 퇴직 후 독서와 여행으로 소일하는 중장년분들의 요청이 많았다. 하지만 재직 대학의 건축학교육프로그램 국제인증과 관련한 업무량이 과도해, 좀처럼 재발간에 필요한 시간을 내기가 어려워 차일피일 미루고만 있었다. 그러던 차에 이번 '상상' 출판사 김대석 국장님 제안으로 다시 책을 선보일 수 있게 되어 말할 수 없이 기쁜 마음이다. 지면을 빌어 진심으로 감사의 인사를 드린다.

한편 2013년 4월과 11월에는 책 발간을 기념해 본문에 실린 사진들을 선별하여 각각 전시회를 개최한 적이 있는데, 이번에도 지역 갤러리 초청으로 미국건축 사진전을 열게 되었다. 이 책에 선보이는 사진들은 미국 동부의 여러 도시에서 만난 건축물 모습을 감성적으로 촬영한 것들이다. 민얼굴 그대로의 기록성보다는 빛으로 화장한 미학성에 중점을 두어, 보시는 분들이 건축미학을 체험하고 마음 치유(healing)를 할 수 있도록 편집하였다. 요즘 '코로나19' 감염병 확산으로 해외여행이 힘들어진 상황에서, 이 책의 글월과 사진이 미국 건축문화를 체험하는 하나의 매개체가 되었으면 좋겠다.

2021년 5월
순천대학교 연구실에서 이동희

프롤로그

충북 제천의 어느 산골마을, 가을이면 마른 수수깡 이파리들이 마치 패한 전쟁터의 찢어진 깃발처럼 나풀거리던 그 밭두렁 한복판에 집 한 채가 달랑 놓여 있었다. 작은아버지가 신혼살림을 위해 지었다가 도시로 떠나가신 후, 우리 가족이 엉겁결에 물려받아 살게 된 콘크리트 블록조의 거칠고 조그마한 집. 그렇지만 바로 그 앞에는 맑은 물이 가득 고인 커다란 연못이 있어, 봄이 오면 연분홍 진달래꽃과 버드나무 새순들이 물결 위로 투영되는 풍경이 아름답게 펼쳐졌다. 나와 동생들은 담장도 없는 그 집에서 철 따라 변하는 자연을 음미하며 강아지와 토끼를 벗 삼아 어린 시절을 보냈다.

그 무렵 나의 꿈은 시인이 되는 것이었다. 그러나 몸이 편찮으신 아버지를 대신해 들판노동으로 생계를 꾸려나가시는 어머니의 고단한 어깨를 바라보며, 장래 대학진학을 목표로 인문계 고등학교에 선뜻 지원하기가 어려워, 대신 기술을 배울 수 있는 공업계 고등학교로 인생행로를 바꾸었다. 나의 건축학 공부는 그렇게 시작되어 올해로 31년째가 넘어가고 있다. 돌이켜 보면 그동안 참으로 다양한 장소에서 수많은 건축물들과 마주하며, 홀로 체험하기 아까울 정도의 진한 감동을 느낀 나날들을 보냈다. 그래서 이제는 내 가족과 주위 분들에게도 그런 소중한 건축적 체험을 나눠주고 싶다는 생각이 들어 이 책을 쓰게 되었다.

* * *

'이동희 교수의 미국건축 이야기'는 필자가 1년 남짓(2009.12~2011.1) 미국 펜실베이니아대학 방문교수직을 수행하면서, 동부지역의 유명한 도시들과 건축물들을 찾아다니며 기록한 체험적 글월들과 실증적 사진들로 이루어져 있다. 탐방도시는 거주지였던 펜실베이니아주를 중심으로, 버지니아주·뉴저지주·뉴욕주·코네티컷주·메사추세츠주·인디에나주·일리노이주 등인데, 건축학도나 관련 직장인은 물론 일반인들도 한번쯤 방문해볼만한 유명한 건축물들이 많이 산재해 있는 곳들이다.

집필 당시 지역신문에 약 20개월간 연재되어 독자들로부터 각별한 사랑을 받은 바 있으며, 최근 거듭되는 주위의 단행본 제작 요청을 받아들여 출판을 기획하게 되었다. 내용은 미국에서 작성해 한국으로 송고했던 총 50편의 건축체험 이야기로 구성되어 있으며, 각 편마다 필자가 직접 촬영한 사진작품들이 서너 장씩 삽입되어 있는 것이 특징이다. 또한 각각의 분량은 길어야 신문 1/2면 크기를 넘지 않을 정도여서 자투리 시간을 활용해서 가볍게 읽을 수 있을 것이다. 특히 시각적 이미지가 점점 중요해지는 독서 추세에 따라 사진 선택에 많은 정성을 기울였으며, 사진만 훑고 지나가는 독자들을 위하여 그것만으로도 대략적인 책 내용을 알 수 있도록 충분한 설명을 덧붙여 놓았다. 그리고 건축 교양서적을 겸한 학술적 출판물임을 고려해서, 책 말미에 본문에 등장했던 주요 건축물들에 대한 기본정보들(사진·명칭·시공·설계·위치·게재)을 파악하여 책 뒷부분에 표기해 두었다. 인터넷 검색이나 미국 현지답사에 유용하게 사용될 수 있을 것이다.

문장은 가능한 한 학술적이고 전문가적인 지식전달 형식을 배제하고, 일반인들이 건축을 쉽게 이해할 수 있는 수준에서 작성하려고 노력했다. 이는 건축이 더 이상 전문가 영역에서만 머무르지 않고, 일반인들에게 널리 전파되길 바라는, 즉 '건축의 대중화·일반화·보편화'를 지향하는 필자의 의지가 반영된 것이다. 따라서 건축학을 오래 공부하신 독자들께서는 본문의 글이 다소 개인적 경험에 치우쳐 있으며, 전문적 정보가 부족하다는 느낌을 받을 수도 있을 것이다.

이 책의 내용 중에는 '집과 삶', '빛과 그림자'를 비롯하여, 〈건축·주택·주거·거주〉, 〈공간·인간·시간〉, 〈추억·일상·꿈〉 등이 주요 어휘로 등장한다. 이는 세계 어느 나라에서나 건축을 이해하려고 할 때 가장 기본적인 접근 요소로 선택되는 공통점이 있다. 그런 의미에서 건축이란 단순한 공학적 산물이나 재산증식 수단이 아니고, 우리가 태어나서 살다가 죽는 그 순간까지 밀접하게 상호작용하는 것으로서, 보다 넓고·깊고·다양한 관심을 필요로 하는 복합적·종합적인 존재이다. 그러므로 이 책을 읽는 독자 여러분께서 건축이 본래 가지고 있는 용도적 측면 외, 사회적·시대적·문화적·예술적·정신적 표현의 산물이라는 점에도 주목하신다면, 마치 잘 빚은 도자기를 감상하듯 그렇게 건축미학을 즐기실 수 있을 것이라 생각된다.

* * *

글을 쓴다는 것은 언제나 힘들고 두려운 일이다. 일주일마다 돌아오는 신문게재 일정에 맞추어 원고를 작성하느라 진땀을 흘린 적이 한두 번이 아니다. 모든 것이 문학적 소질이 부족하고 통찰력이 깊지 못한 필자가 감내해야 할 몫이었다. 그럼에도 불구하고 이따금씩 들려오는 독자들의 박수소리에 힘입어 마지막까지 연재를 무사히 마칠 수 있었다. 이 글을 통해 그동안 성원을 보내주셨던 여러분께 감사의 인사를 올리고, 미래의 독자 여러분께도 미리 고마운 마음을 전해둔다.

아울러 여러 가지로 미흡한 원고에 관심을 가져주시고, 직접 머나먼 길을 달려와 격려해 주신 애플트리 출판사의 대표님과 직원 여러분께 진심으로 감사의 말씀을 드린다. 마지막으로 그동안 필자의 무리한 건축여행 일정에 기쁜 마음으로 동행해 준 아내와 두 딸, 그리고 고향에 홀로 계시는 어머니에게 이 책을 바치며 그동안의 노고에 보답하고 싶다.

2013년 1월
순천대학교 연구실에서 이동희

차례

개정판을 내면서	2
프롤로그	4

- 01 미국에서 살아남기   12
- 02 미국 아파트의 겉과 속   18
- 03 SOS를 외치는 주택   24
- 04 눈집의 미학   29
- 05 차는 움직이는 집이다   34
- 06 빛과 그림자   38
- 07 소년과 기차   44
- 08 길잡이가 되는 건축   48
- 09 유리창은 거리의 전시장   54
- 10 건축을 담아내는 건축   59
- 11 사람이 물처럼 흘러가는 공간   65
- 12 모두에게 행복한 거리   70
- 13 편지를 기다리는 집   75
- 14 하늘 담은 건축   80
- 15 슬프고도 아름다운 창문   85
- 16 일본무사의 투구 같은 건축   90
- 17 어머니의 집   94
- 18 대통령의 집   100
- 19 세계문화유산 캠퍼스   108
- 20 주차장도 멋진 대학   114
- 21 가슴이 뛰는 건축   120
- 22 도시를 향해 외치다   125
- 23 목마른 도시   130
- 24 갈매기 나래 위에   134
- 25 기억으로 남는 건축   138
- 26 담벼락 낙서   144
- 27 추억이 전시되는 공간   152

28	시인이 생각나는 건축	156
29	다닥다닥 상점건축	160
30	뾰족뾰족 삼각형 건축	164
31	건축여행	170
32	시카고의 강낭콩	176
33	물결이 춤을 추는 건축	184
34	자연과 하나가 된 건축	189
35	해질 무렵의 건축	195
36	꿈을 꾸는 공간	200
37	어느 독자로부터의 편지	205
38	미국에서 한국전통건축 사진전을 열며	211
39	나의 한국전통건축 사진	219
40	뉴욕을 걷는다	228
41	미술관에 전시되는 건축	233
42	뉴욕의 하얀 달팽이	238
43	캠퍼스 가을 스케치	245
44	그들이 떠난 창가에서	250
45	파란 하늘이 그립다	257
46	하얀 그리움의 건축	261
47	위기에서 벗어나게 해주는 건축	267
48	어둠에 익숙해져 가는 아이들	272
49	자꾸만 생각나는 집	277
50	집을 찾아 떠나는 길	282

에필로그   286

〈부록〉
등장 건축물 정보   290
등장 사진 촬영 정보   303
찾아보기   315

건축물 창가를 거니는 연인 (워싱턴 DC 국립미술관 동관)

01

미국에서
살아남기

다시 또 시작이다. 비행시간 총 15시간 23분! 지금까지 내가 살아온 터전과는 전혀 다른 낯선 세상에 도착해서 어렵게 구한 새집으로 처음 들어선 순간, 나는 그만 앞날의 까마득함에 그대로 벌렁 현관 입구에 누워버렸다. 가구 하나 없는 텅 빈 공간, 마치 바다 한복판에 떨어진 기분이다. 그렇다! 여기는 미국이라는 곳이다.

돌이켜보면 중학교 졸업 이후 고향을 뛰쳐나와 국내외를 삼사년 간격으로 이동하며 살았다. 그때마다 생활의 거점을 옮기고 삶을 새롭게 구축하는 일이 얼마나 힘들고 괴로운 것인지 절실하게 깨달았다. 그러나 성격 탓일까. 좀처럼 한 곳에 머물지 못하는 야생마 같은 습성이 또 이렇게 자신을 새로운 터전으로 내몰고 말았다.

미국에 새로 마련한 주택으로 처음 들어서는 순간 (펜실베이니아주 브린모어 레드윈아파트)
긴 여행으로 지친 상태였음에도 나는 정신을 차리고 카메라를 움켜잡았다. 기록을 남겨야 한다는 생각이 머리를 스쳤기 때문이다. 모델은 작은 딸인데 이 책 사진의 처음부터 마지막까지 등장한다. 물론 출연료는 무료이다.

말 그대로 지금의 나는 하늘의 비행기에서 대지의 주택으로 톡 떨어진 하나의 '점點'이다. 이제부터 어떻게 살아남아 어떤 꽃을 피워내야 하는가. 정신을 차리고 과거의 경험을 되새겨보니 우선 '선線'을 설치하는 것이 급선무인 듯하다. 즉 살기 위한 생명줄 life line로서 전기·가스·수도 그리고 통신에 관한 선들을 연결해야만 한다.

전기·가스·수도는 바깥으로부터 생명유지에 필수적인 자원 energy을 공급받기 위해서, 통신은 타인과의 연락 communication이나 생활정보를 수집하기 위해

막막한 심정으로 출입구 바닥에 드러누워 버린 나 (펜실베이니아주 브린모어 레드윈아파트)
아는 사람 하나 없고, 말도 잘 통하지 않고, 낯설고 물설은 타국 땅에서, "이제부터 어떻게 살아가야 하나? 나는 왜 이렇게 고생을 사서하려고 하는 것인가!" 그저 가슴이 답답해올 뿐이었다. 그 와중에도 삼각대 세워 놓고 찰 각찰칵.

서 필요하다. 이 중에서 통신은 크게 전화와 인터넷으로 나누어지는데, 오늘날엔 인터넷의 중요성이 더욱 커지고 있다. 특히 말이 잘 통하지 않고 많은 일들을 인터넷에서 처리하는 경우가 흔한 이곳 미국에서는 인터넷 시스템을 얼마나 빨리 구축하느냐가 생활의 안정에 절대적인 영향을 미친다.

다음으로는 집 밖을 벗어나 생활하기 위한 점들을 확보하고 그것을 서로 선으로 연결하는 작업이 필요하다. 즉 '면面'의 구축이다. 우선은 제반 등록업무 처리를 위한 관공서, 자녀 교육을 지속시키기 위한 학교, 자신의 수입을 창출하기

지금부터 우리 가족이 생활을 채워나가야 할 빈방 (펜실베이니아주 브린모어 레드윈아파트)
아무 것도 없는 텅 빈 침실에 따사로운 햇빛이 비쳤다. "얘들아 여기를 무엇으로 채울까?" 딸들은 대답 대신 "어머나, 그림자 예쁘다."를 연발한다. 하긴 걱정은 아빠가 하는 것이지, 너희들 몫이 아니다.

위한 직장 등이 일차적인 점들이며, 그 밖에 우체국이나 은행, 병원이나 보건소, 식료품들을 구매하는 상점 등이 이차적인 점들이 된다. 이러한 점들을 선적으로 연결하기 위해서는 자동차가 필요하다. 앉아서 소통하는 수단은 인터넷이며 서서 소통하는 수단은 자동차이기 때문이다. 자동차를 사용하기 위해서는 운전면허 취득과 자동차 구입등록 단계를 거쳐 보험까지 처리해야 하는데, 언어사용이 자유롭지 못하고 시스템이 전혀 다른 사회환경에서는 이 모든 일 처리에 여러 가지 장애가 따른다.

생활의 점이 면으로 이어지길 바라는 발걸음 선들 (펜실베이니아주 브린모어 레드윈아파트)

현관에 가족들 신발이 나란히 놓였다. 이제 미국생활의 출발선상에 선 것이다. 나는 두 배로 뛰어다녀야 하니까 신발도 두 켤레. 부디 저 빛의 선들을 타고 미국사회로 발걸음을 쭉쭉 내뻗어나갈 수 있길 기원해본다.

주택이라는 점과 생활편의시설 점들을 각각의 선으로 교차시키면 하나의 '그물 network'이 형성되는데, 그것이 바로 면이다. 생활거점을 이동한 새로운 지역에서 살아남기 위해서는 이렇게 '점선면點線面'으로 이루어진 '발판 base camp'이 기본적으로 갖추어져야 하는데, 달리 말하자면 생활기반의 구축이라고 할 수 있다.

생활기반 구축이 완료되면 비로소 생활거점이동 목적을 실현하는 단계로 나아갈 수 있다. 즉 '면'에서 '입체立體'로 우뚝 설 수 있는 단계로서, 현재 자신이 가지고 있는 모든 물적 또는 인적 네트워크를 최대한 활용하면서, 그 사회에 '나'라는 존재를 각인시켜나가고, 결국 그것을 통해 자신의 '꿈'을 실현시킬 수 있는 적합한 조건을 창출해 내는 것이다.

이러한 과정은 마치 밭에 홀로 떨어진 씨앗의 상황과도 같다. 빛과 물을 향해 잎사귀와 뿌리를 만들어내는 고통을 겪어야 하며, 같은 개체들과 소통하며 무리를 이룸으로서 다른 개체들이 영역을 침범하는 것과, 동물들이 자신을 뜯어 먹는 확률을 최대한으로 낮추어야 한다. 그리고 그 모든 것을 견디어내고 지속적으로 자양분을 공급받으며 억척스럽게 살아남았을 때, 드디어 자신이 목표했던 아름다운 '꽃'을 피워낼 수 있게 되리라.

02

미국 아파트의
겉과 속

미국으로 오면서 가장 궁금했던 것 중의 하나가 바로 내가 살 주택의 생김새였다. 이는 굳이 건축을 전공하지 않았더라도 우리 일상생활에서 집이 차지하는 중요성을 생각할 때 너무나도 당연한 것이었는지 모른다. 특히 온 나라가 아파트로 뒤덮인 우리의 주거환경을 고려할 때, 건축인의 한 사람으로서 자못 미국 주택에 대한 기대감이 컸던 것이 사실이다.

지금 내가 살고 있는 주택은 필라델피아 외곽에 위치한 연립주택 형식의 아파트이다. 아래위층 4가구씩 들어 있는 건물들이 A동에서 N동까지 각각 군집群集을 이루고 있는 형태로서 전체 약 400가구가 거주하고 있다. 주요 거주층은 크게 미국인과 외국인으로 나누어지는데, 미국인의 경우는 주로 은퇴한 노인세대들이 주류를 이루고, 외국인의 경우는 한국·일본·인도 등지에서 필라델피

내가 거주하는 아파트 입구 쪽 모습 (펜실베이니아주 브린모어 레드윈아파트)

이층짜리 연립주택이 다닥다닥 붙어 있는 구조이다. 처음엔 단지 내부로 진입하는 통로가 어딘지 몰라서 불편했지만, 나중에는 단지 안으로 들어온 범죄자가 도주하기 어려운 구조라는 것을 알고 고개를 끄떡이게 되었다.

내가 거주하는 아파트 정원 쪽 모습 (펜실베이니아주 브린모어 레드윈아파트)

우리 가족이 가장 좋아하는 아파트 정원이다. 계절 따라 다양한 꽃들이 피어나고 다람쥐와 청설모들이 뛰어노는 공간. 겨울이면 이곳에서 아이들이 눈사람 만드느라 해가는 줄을 모른다. 스키를 타는 사람들도 있다.

아의 각 대학이나 병원으로 짧은 기간 동안 연수 온 사람들이 많다.

필라델피아 지역에는 대학이 32개소 존재하는데, 명문 펜실베이니아대학을 비롯해서 템플대학, 드렉셀대학 등 비교적 지명도가 높은 대학들이 많이 분포돼 있다. 그리고 초등학교 · 중학교 · 고등학교도 이에 걸맞은 양질의 교육수준을 확보하고 있어 국내외를 막론하고 학부모들에게 인기가 높은 편이다. 자녀교육에 관심이 많은 사람들은 복잡하고 위험한 시내 중심부보다 안전하고 교육환경이 우수한 이런 외곽지역을 선호하는데, 그것이 바로 이 아파트에서 외국인들이 많이 거주하는 요인이라고 한다.

아파트는 나무가 무성한 숲속에 자리 잡고 있어 공기가 맑고, 집 주위 잔디밭에서는 청설모와 다람쥐가 뛰노는 매우 쾌적한 환경을 갖추고 있다. 특히 가끔씩 눈이 내릴 때면 집 밖은 리조트로 변해서 아이들은 스키와 썰매타기, 눈집igloo과 눈사람 만들기 등으로 즐거운 하루를 보낸다. 또한 날씨가 맑은 날이면 테라스에서 바비큐 파티를 하며 이웃들과의 친목을 다진다.

내가 사는 아파트를 비롯해 주변의 많은 미국 주택들을 겉에서 바라보았을 때는 예쁘장하고, 독립적이며, 자연친화적인 형태로 만들어져 있어 그런대로 주거수준이 양호한 듯이 보인다. 그렇지만 한국 사람의 관점에서 그 속을 들여다보면 문화적 차이 때문인지 여러 가지 불편한 점들이 눈에 띈다.

가장 먼저 느끼는 것은 현관의 바닥면적이 너무 작다는 점이다. 한 사람이 겨우 신발을 벗을 수 있을 만큼의 공간밖에 없다. 그 이유는 미국 사람은 현관에서 신발을 벗지 않기 때문이다. 대부분의 실내바닥에는 양탄자가 깔려져 있고

거위가 날아든 아파트 정원 풍경 (펜실베이니아주 브린모어 레드윈아파트)
이 주택단지에는 유난히 거위가 많이 날아오는 것이 특징이다. 사람이 옆에 가도 도망갈 생각을 않는다. 가끔씩은 야외 수영장 물이 이들의 배설물로 더럽혀진다. 그러나 그만큼 자연환경이 잘 보존되어 있다는 의미이니 별다른 불만은 없다.

가구들은 전부 입식으로 설치되어 있다. 그래서 바닥에 주저앉을 일이 거의 없다. 주위의 미국인들에게 물어보니 하루 일과 중 침대에 들어가기 전까지는 거의 신발을 벗지 않는다고 한다.

그래서 아파트 관리인이 볼일 때문에 한국인이나 일본인 집을 방문하게 되면 현관에서 비닐봉지를 발에 씌우는 불편을 겪어야 한다. 왜냐하면 이 두 나라 사람들의 거주행태는 대부분 좌식생활을 기본으로 하는 고국의 방식을 그대로 따르고 있기 때문이다. 아마도 미국인들의 입장에서는 발로 밟고 다니는 곳에

아파트 주변 나무에서 서식하는 청설모 (펜실베이니아주 브린모어 레드윈아파트)
청설모는 동작이 빨라서 좀처럼 사진으로 포착하기가 쉽지 않다. 아이들이 모아놓은 도토리를 다람쥐가 가져가려고 하면 몸집이 큰 청설모가 다가와 빼앗아가기 일쑤이다. 어떨 때는 자기들끼리 싸움이 붙어서 온 정원을 떠들썩하게 만드는 주범이다.

엉덩이를 붙이고 생활하는 우리의 스타일이 이해가 되지 않을 수도 있으리라.

난방방식 또한 우리와 크게 다르다. 바닥에 온돌이 깔려있어 쾌적한 실내온도를 유지할 수 있는 한국과는 달리, 이들은 따뜻한 바람을 선풍기로 불어서 각 방에 공급하는 방식을 취하고 있다. 우리 가족은 이것 때문에 아직도 고생을 많이 하고 있는데 그 이유는 실내가 너무 건조하기 때문이다. 빨래를 널어두어도 그때뿐이고 잠시 후면 바짝 말라버린다. 아침에 자고 일어나면 온몸의 습기가 다 증발된 듯 눈과 코가 아프고 피부가 까칠까칠하다.

또 한 가지 곤란을 겪고 있는 것은 욕실에 배수구가 없는 문제이다. 정확히 말하면 욕실과 화장실이 일체식으로 구성되어 있는 공간에서, 욕조에는 물이 빠져나가는 구멍이 있으나 그 외 타일이 깔린 바닥에는 배수구가 보이지 않는다는 것이다. 그 때문에 바닥 청소를 하거나 욕조나 세면대의 물이 넘칠 경우엔 일일이 걸레로 닦아내는 수고를 들여야 한다. 생각해보면 변기가 놓여 있는 곳은 별도로 물이 필요하지 않아 양탄자 등을 깔아놓아도 되는데, 한국에서 욕실을 사용하던 습관이 몸에 배어서 그런지 나는 왠지 이런 방식이 불편하게만 느껴진다.

실내의 여러 가지 설비 중에서 조금 특이한 것은 벽에 전기 콘센트가 많다는 점이다. 우리 집에 설치된 것을 전부 세어보니 그리 크지 않은 규모인데도 불구하고 총 44개(현관 2, 거실 6, 큰방 8, 작은방 6, 식당 8, 주방 8, 욕실A 2, 욕실B 2, 세탁실 2)나 발견되었다. 이 같이 콘센트가 많은 것은 기본적으로 현대생활에서 전기제품을 많이 사용하는 것과 관련이 있겠으나, 보다 큰 이유는 실내를 밝히는데 쓰이는 조명을 대부분 간접적으로 처리하고 있기 때문이다. 주방·식당·욕실·천장 위에만 직접조명이 설치돼 있고, 나머지 공간은 전부 갓으로 가린 전등을 콘센트에 연결해서 사용하게 되어 있다. 따라서 방 하나에 그렇게 많은 콘센트가 필요하게 되는 것이다.

그 밖에도 거실에서 침실을 단계적으로 진입할 수 있도록 공간계획을 한 점, 여기저기 수납공간이 많다는 점 등이 내가 우리나라에서 거주하던 아파트 공간과 다른 점이라고 할 수 있다. 요즈음엔 한국에서도 건축계획이 잘 된 명품 아파트들이 속속 등장하고 있는 추세이기에, 머지않아 경제적인 위상에 버금가는 주거수준이 확보될 것으로 생각된다.

03

SOS를 외치는 주택

밤이 깊어간다. 창밖에는 여전히 눈이 내린다. 엊그제 내린 것까지 합하면 전체 눈의 높이가 아마도 초등학교 일학년생인 딸의 어깨를 훨씬 넘을 듯하다. 눈폭풍이 몰아치는 거리엔 사람은 물론 자동차 하나 보이지 않고, 이리저리 칼바람들이 술에 취한 듯 몰려다니며 도로를 막고 나뭇가지를 부러뜨리며 행패를 부린다. 이상기후 때문인지 미국 관측사상 최고의 적설량을 기록하며, 올겨울에도 벌써 몇 번째나 일상생활에 불편을 주는 날들이 되풀이되고 있다. 그리고 오늘밤은 유난히 폭설로 인한 피해 정도가 심해서 지금 거주하는 주택의 전기와 가스와 통신을 모두 두절상태로 만들어 버렸다. 다행히 수도가 끊어지지 않아 목을 축이는 데는 별 탈이 없으나, 온수를 사용할 수 없어 눈비에 젖은 몸을 씻을 수 없다는 것이 문제이다.

폭설로 생명선들이 두절된 주택에서 구원요청을 보내는 풍경 (펜실베이니아주 브린모어 레드윈아파트)
어두컴컴한 방에서 할 일이 없다. 가만히 앉아 있으려니 춥다. 이 상황을 적절히 표현하고 싶어서 연출해낸 사진 작품이다. 삼각대에 카메라를 장착하고 셔터속도를 느리게 설정한 뒤 전화기를 들어 올리는 행동을 반복하며 촬영한 것이다.

    생각해보면 주택이란 건축재료로 구성된 단순한 구조체의 집합 덩어리가 아니다. 뼈대와 근육으로 이루어진 인간의 신체 속에 혈관과 신경이 지나가며 피와 감각을 전달하듯, 골조와 벽체로 지탱되는 건축물 속엔 파이프와 전선이 통과하며 물과 전기를 공급한다. 즉 골조는 건축물을 무너지지 않게 해주고, 벽체는 비바람을 막아주고, 설비는 거주자에게 생명유지와 쾌적함을 제공하는 역할을 한다. 여러 가지 설비 시스템 중에서도 가장 중요한 것은 바로 상하수도라고 할 수 있다. 인간은 잠시라도 물을 마시지 않고서는 살 수 없으며, 요리 또는 목욕을 하거나 화장실 사용을 위해서도 물은 항상 필요하다. 그 다음에 중요한 것은 전기이다.

사실 오늘밤 우리 가족이 곤란을 겪고 있는 모든 문제는 바로 전기가 끊어졌다는 것에서 비롯되었다. 입주한 지 며칠 되지 않아 미처 양초나 손전등도 구입해 놓지 못한 까닭에, 날이 저물면서 집안은 온통 암흑천지로 변했다. 아울러 전기로 움직이는 보일러가 작동을 멈추어 전혀 난방이 되지 않으며, 난로나 전기장판도 사용할 수가 없다. 오늘밤은 꼼짝없이 추운 방에서 덜덜 떨며 잠을 청해야 할 판이다. 더구나 주방의 가스까지 전기가 통해야 점화가 된다는 사실을 알고부터는 당황하지 않을 수 없었다. 며칠째 내린 눈 때문에 날것으로 먹을 수 있는 식료품을 전혀 구해놓지 못한 탓이다. 어른이야 배가 고파도 하룻밤 정도는 참을 수 있겠지만, 아이들은 그렇지 못해 잠시 후면 아마 먹을 것을 달라고 엄마를 조를 것이다.

결국은 통신수단에 의지하여 바깥으로 구원요청 SOS 신호를 보내는 길밖에 남아있지 않다. 가장 만만한 것이 휴대폰이다. 조금 전 이웃에게 전화를 걸었더니 오늘밤은 눈보라가 몰아치고 전선이 끊어진 곳이 워낙 많아서 복구가 힘들 것이라고 했다. 인터넷에서 더 자세한 날씨상황을 알아보고 싶어 컴퓨터를 켜니 아무 반응이 없다. 컴퓨터 역시 전기로 움직이는 장치이기 때문이다. 가까운 곳에 거주하는 한국 사람들에게 도움을 요청하려고 다시 휴대폰을 들었더니, 이런 젠장, 배터리가 얼마 남아있지 않아 화면이 가물가물 거린다. 그렇다, 휴대폰 충전도 결국 전기가 없으면 불가능하구나! 천지가 눈으로 뒤덮인 이국땅에서 오도 가도 못하고 사면초가 상태에 휩싸여 버렸다.

왜, 현대의 주택에서는 전기 없이 아무 것도 할 수 없도록 만들어놓았을까. 만족

눈폭풍이 휘몰아치는 아파트 풍경 (펜실베이니아주 브린모어 레드윈아파트)

내가 지금까지 한국이나 일본에 살며 겪었던 눈폭풍과는 비교가 되지 않는 엄청난 규모이다. 말 그대로 '세상과의 단절상태'가 오래 지속될 것 같다. 그래도 경치는 아름답다. 밤이 되면 공포가 엄습해 오겠지만.

눈에 파묻혀 갈 길을 잃은 차량들 (펜실베이니아주 브린모어 레드윈아파트)

밤새워 내린 눈이 자동차를 덮어버렸다. 그나마 걸어 갈 수 있는 곳에 상점이 하나 있어서 다행이다. 장화를 신고 길을 나선다. 따뜻한 햄버거가 눈에 아른거린다. "설마 이미 품절된 건 아니겠지?"

할 줄 모르고 끊임없이 육신의 편리함을 추구한 나머지 인간은 스스로에게 치명적인 덫을 놓고 있는지도 모르겠다. 만약 재난이나 전쟁 등으로 인해 고층아파트의 물과 전기 공급이 끊어지는 사태가 발생한다면, 그리고 그 거주자 중에 노인과 유아와 장애인과 환자와 임산부 등이 존재한다면? 생각만 해도 끔찍한 일이 벌어질 것 같다.

나는 일찍이 모든 것을 자동으로 처리하는 현대의 주택설비 시스템에 대해 강한 의문을 품었던 적이 있다. 일전에 어느 사람에게서 현관 잠금장치의 비밀번호를 잊어버려 큰 곤란을 겪었다는 이야기를 전해 듣고, 왜 수동식과 자동식을 적절하게 혼합하지 않고 완전 자동식으로만 설치했는지 이해가 되지 않았던 기억이 새삼스럽다. 아무튼 주택설비에 있어 라이프 라인 life line에 해당하는 수도·전기·가스·통신에 관한 공급과 제어 시스템을 전기 하나로 집약시키는 일은 별로 적절한 일이 아닌 듯하다. 특히 오늘밤 이러한 상황을 당하고보니 그에 대한 문제점이 더욱 절실하게 다가옴을 느낀다.

04
눈집의 미학

하루 종일 흰 눈이 내려 쌓였다. 어릴 적 이후로 이렇게 많은 눈을 본 것은 이번이 처음인 듯하다. 옆집에 사는 사람들이 정원에다가 눈집 igloo 을 하나 만들어 놓았다. 눈 위에서 썰매를 타고 놀던 아이들이 연신 '풀 방구리에 쥐 드나들듯' 들락날락거리며 신기해한다. 그러고 보니 눈집 안에는 아이 한 명이 딱 들어갈 수 있는 공간이 마련되어 있다.

눈집에 들어간 아이는 어떤 느낌을 가질까. 아마도 포근하고 아늑한 느낌을 가질 것이다. 모나지 않은 둥그런 벽면에 둘러싸여 문밖으로 내리는 눈송이를 감상하며 무언가 모를 원초적인 감상에 젖어 있을지도 모르겠다. 이 세상으로 나오기 전에 느꼈던 그 무엇인가 따듯하고 부드럽던 감촉, 마음대로 손발을 휘저어도 다치지 않던 '부유浮遊의 세계', 그렇다! 바로 어머니의 뱃속 느낌이다. 양수에 둘러싸여 유영하던 태아시절의 그 아련한 기억…….

밤이 되면 불을 밝히는 눈집 (펜실베이니아주 브린모어 레드윈아파트)
집 앞에다가 옆집 아저씨가 눈집을 만들어 놓았다. 밤에 촛불을 밝혀 두니 동화 속 나라의 오두막처럼 멋지다. 오랜만에 접해보는 원초적 풍경! "왜 그동안 이런 낭만을 잊고 살았던 것일까?"

눈집은 아이들의 놀이터 (펜실베이니아주 브린모어 레드윈아파트)

이곳보다 좋은 놀이터가 또 어디에 있으랴. 아이들은 연신 '풀 방구리에 쥐 드나들듯' 들락거리며 눈집 안에서 논다. 어린이 한 명이 들어가면 딱 알맞을 공간 크기이다. 나도 들어가 보고 싶은데…….

눈집은 태아적 엄마 뱃속 (펜실베이니아주 브린모어 레드윈아파트)

어릴 적 내가 둥그렇게 세워 놓은 수숫대집 안에 들어가 놀았듯이, 오늘은 딸아이가 눈집 안에 들어가 자기만의 세상을 꿈꾸며 논다. 겨울에 아이들에게 스키복을 사줘야 한다는 것을 이때 알았다. 그렇지 않으면 엉덩이가 다 젖어 버리니까.

눈이 내린 이튿날엔 하늘이 푸르다. 맑은 아침 햇살 한 줌이 문 열린 눈집으로 쏟아져 들어가더니 그 안이 훤히 밝아졌다. 그리고 길지 않은 겨울 낮 동안, 눈집은 자신을 녹이려는 태양과 치열한 사투를 벌이며 홀로 외로운 시간을 맞는다. 어제 놀던 아이들은 모두 어디론가 사라져 버리고, 눈집은 허물어지는 어깨 뒤로 긴 고통의 그림자를 늘어트리며, '존재存在의 허망함'을 체험한다. 가끔씩 곁을 스쳐가던 낯선 바람만이 그 모습을 한 바퀴 빙 둘러보고 떠날 뿐이다.

이윽고 저녁이 왔다. 하늘에 별이 총총하다. 눈집 위에 조그만 구멍을 내어 별들을 바라본다. 아! 또 다른 우주를 느낀다. 만약 인간의 몸을 소우주小宇宙라고 한다면, 이렇게 아늑한 눈집은 중우주中宇宙일테고, 저기 별이 반짝이는 천체는 대우주大宇宙에 해당될 것이다. 하늘을 향해 열린 구멍 안으로 별들이 쏟아져 들어온다. 대우주가 중우주로 들어와 소우주인 나와 교감한다.

밤이 되어 눈집에 조용히 불을 밝힌다. 그러자 대지를 뒤덮은 어둠을 배경으로 하얗고 자그마한 동산 하나가 실루엣으로 빛난다. 그리고 그 입구에서는 노랗고 신비로운 불빛이 은은하게 흩어져 나온다. 아마 이 세상에 겨울요정이 존재한다면 이런 집에서 살고 있을 것이다. 오늘 밤에는 저기 먼 별나라로부터 겨울요정이 은빛 날개를 반짝거리며 눈집으로 내려와 내 손을 맞잡는 그런 꿈을 꾸고 싶다.

자신을 녹이려는 태양과 사투를 벌이는 시간 (펜실베이니아주 브린모어 레드윈아파트)

허물어지는 어깨 뒤로 긴 고통의 그림자를 늘어뜨리며, '존재(存在)의 허망함'을 체험하는 눈사람. 오전 10시경에 조리개 f/22, 노출시간 1/200, 감도(ISO) 200, 화이트밸런스(K)를 낮게 설정해 촬영한 것이다. 겨울철 아침엔 대기 중에 포함된 수증기가 적고, 태양고도가 낮아 사물의 그림자가 길게 떨어지므로, 비교적 선예도(線銳度)가 높은 사진을 얻을 수 있다.

05

차는
움직이는 집이다

겨울이 깊어가니 가끔씩 따뜻한 곳이 그리워진다. 특히 올해는 폭설 때문에 고생을 많이 한 터라, 어디고 언 가슴을 풀어헤칠 수 있는 곳으로 떠나고 싶은 마음이 간절하다. 마음 같아서야 코발트블루 cobalt blue 빛 물결이 잔잔하게 넘실대는 남국의 바닷가에라도 한 며칠 다녀왔으면 좋겠지만, 경비와 시간 등 이런저런 제약 때문에 선뜻 행동으로 옮기지 못하는 것이 우리네 삶인 듯하다.

눈 내리는 창밖을 바라보니 집 앞 주차장에서 차 한 대가 우두커니 서서 나를 기다리고 있다. 그 모습이 마치 주인을 기다리는 말馬 같다는 느낌이 든다. 비가 오나 눈이 오나 그저 주인의 명령命令이 떨어질 때만을 고대하며, 그저 묵묵하게 떠날 채비를 서두르고 있는 충성스러운 말……. 그런 어깨 위로 조용히 눈발이 스쳐 지나며 적막한 시간을 조금이나마 위로해주고 있다.

집 안 분위기가 무료하고 답답하게 느껴질 때 나는 가끔씩 차 안에서 머무는 것을 즐긴다. 마을이 내려다보이는 높은 언덕이나 한적한 바닷가에 차를 끌어다 놓고, 평소 좋아하는 음악 한 자락을 잔잔하게 틀어놓은 후, 의자 등받이를 한껏 뒤로 제키고 팔을 쭉 뻗고 편안하게 누워서, 그 누구에게도 간섭받지 않는 자신만의 시간을 향유하는 것이다.

"그대, 차창으로 부딪히는 눈송이를 바라본 일이 있는가! 그것은 마치 순결하고 고귀한 요정들이 시나브로 날아와, 내 메마른 감성에 노크하다 스러져가는 그런 모습 같지 아니한가! 그대, 차창으로 부서지는 빗방울 소리를 들어본 일이 있는가! 그것은 마치 강렬하고 신비한 정령들이 무수하게 다가와, 내 고독한 영혼을 두드리다 흩어져가는 그런 음악 같지 아니한가!"

오늘도 나는 사방의 차창이 옅은 눈으로 둘러싸인 차 안에서 이렇게 감미로운 꿈을 꾼다. 얼핏 보면 차 안의 실내공간 구성은 집 안과 다를 것이 없어 보이는데, 왠지 묵직하지 않은, 알 수 없는 해방감이 마음을 가볍게 해주는 분위기, 그것이 바로 내가 때때로 차 안에서 음미하게 되는 '공간의 맛'이다.

그러나 뭐니 뭐니 해도 이 두 공간의 본질적으로 다른 특성은 '이동이 가능하냐?'의 차이일 것이다. 즉 '머물 수 있는 공간을 가진 집'과 '떠날 수 있는 공간을 가진 차'의 상이성으로 설명된다. 아마도 장기간 여행하면서 조리와 숙박이 가능하도록 제작된 캠핑카 camping car는 이 둘을 적당히 합쳐놓은 형태라고 할 수 있을 것이다.

예전에는 집을 장만한 후에 차를 장만하는 것이 대세였는데, 요즘에는 집은 대충

차는 또 하나의 집 (펜실베이니아주 브린모어 레드윈아파트)

붉은 벽돌조 아파트와 와인색깔 차량이 절묘하게 어울린다. 카메라 렌즈 안으로 눈발이 날아든다. 차 안으로 들어가 음악과 히터(heater)를 틀어놓고 나만의 시간을 즐긴다. 오랜만에 맛보는 포근한 기분이다.

차는 움직이는 집 (펜실베이니아주 브린모어 레드윈아파트)

차 안에서 보낸 시간이 얼마나 지났을까? 기온이 올라가 서서히 눈이 녹아 흐른다. 그 표면 위로 맑게 씻긴 집들이 모습을 드러낸다. 이젠 진짜 집으로 돌아가야지. 차가 점점 멀어지는 내 모습을 물끄러미 바라보고 있는 듯하다.

빌려서 살고 차 구입에 신경을 더 쓰는 사례가 적지 않다. 또한 차량 구입가격이 웬만한 주택 구입가격을 상회하는 경우도 많다. 그에 따라 차의 안전성이나 성능, 내외부의 디자인이나 인테리어 등이 비약적으로 발달하고 있다.

아울러 핵가족화로 인한 가족중심의 생활, 개인주의로 인한 여가시간의 추구는 집 안에서 집 밖으로 나가는 시간을 증대시켜, 그 행위의 수단이 되는 차의 중요성을 더욱 커지게 만들고 있다. 그런 의미에서 '차는 또 다른 집이며, 동시에 움직이는 집'이라고 말할 수 있다.

06

빛과 그림자

비행기로 미국 동부의 필라델피아 Philadelphia를 처음 방문하면서 맞닥트린 풍경은 거대한 굴뚝에서 솟아오르는 연기였다. 맑은 겨울 햇살을 받아 눈부시게 빛나는 하얀 굴뚝, 하얀 연기, 하얀 구름, 그리고 그것들이 드넓은 평원 위로 긴 그림자를 드리우며 유유하게 흘러가는 정경. 그것은 어쩌면 이 낯선 지역을 처음 방문하는 건축학자에게 도시가 베풀어 주는 뜻밖의 세레모니 ceremony 였는지도 모른다. 아무튼 나의 뇌리 속에서는 아직도 그 모습이 떠나지 않고 필라델피아의 첫 이미지로 각인되어 있다.

필라델피아는 미국이라는 나라가 탄생하는 배경이 된 도시이다. 1776년에 '독립기념관 Independence Hall, 1753'에서 독립선언문이 발표되었고, 1790년부터 1800년까지는 미국의 수도였으며, 19세기 초까지는 미국에서 가장 큰 도시규모를 자랑하였다. 그런 연유로 시내 중심부에 들어서면 미국인들이 추앙해 마지않는 각종 역사적 건조물들이 즐비하게 늘어서 있어, 건축을 전공하거나 그에 대해 관심이 많은 사람들에게는 단연 답사코스로 인기가 높다.

몹시도 추웠던 어느 날, 홀로 카메라를 둘러메고 필라델피아 시내로 들어선 순간, 내가 처음으로 느낀 것은 강렬한 빛과 그림자로 이루어진 도시건축의 하모니 harmony 였다. 도로 양편으로 빼곡하게 솟은 빌딩들 사이로 부서져 내리는 찬란한 태양빛과 그 반대편 건물벽체 위로 드리운 칠흑 같은 그림자의 차이가 만들어내는 미적 콘트라스트 contrast, 그리고 그 속에서 꿈틀거리며 탄생하는 온갖 물상들의 예술적 실루엣 silhouette. 그것은 내가 여태껏 빛이 온화한 한국에선 미처 느껴보지 못했던 강렬하고 신선한 건축적 체험이었다.

그러고 보면 필라델피아는 '빛의 건축가'라고 일컫는 '루이스 칸 Louis Isadore Kahn, 1901~1974'이 활동하던 도시이다. 그는 북유럽의 에스토니아 Estonia에서 출생하여 다섯 살 때 가족을 따라 필라델피아로 이주한 후, 스무 살이 되던 해 명문 펜실베이니아대학 University of Pennsylvania의 미술학부에 입학하여 학생 및 조교로 재직하면서 건축을 공부하였다. 그리고 말년의 약 20년간을 같은 대학의 교수로 활동하면서 뛰어난 건축적 역량을 발휘하여, 20세기 가장 뛰어난 건축가 중의 한 명으로 자리매김하게 되었다.

특히 루이스 칸은 '빛의 영적 질 spiritual quality'을 중요하게 생각하여 '침묵과 빛 Silence and Light'이라는 독특한 건축철학을 내놓았으며, '킴벨미술관 Kimball Art Museum, 1972' 등 그가 설계한 여러 건축물에서는 빛과 그림자의 오묘한 조화가 미적효과를 극대화시키는 모습이 자주 발견되곤 한다.

빛을 받으며 필라델피아 거리를 걷고 있는 한 남자 (펜실베이니아주 필라델피아 시내)
필라델피아 시내로 첫 건축답사를 나갔을 때 촬영한 사진이다. 맞은 편 상점 유리창에 카메라를 고정시켜 놓고 적당한 피사체가 다가오길 기다리고 있는데, 눈 깜짝할 사이에 이 키 크고 멋진 신사 분이 지나갔다. 그 때 내 머릿속엔 온통 '루이스 칸' 생각뿐이었다.

건물 벽체 위에 드리운 칠흑 같은 실루엣 (펜실베이니아주 필라델피아 시청 앞)

빛과 그림자, 밝음과 어둠이 극명하게 대비되는 순간, 그냥 스치고 지나가면 느끼지 못할 풍경이다. 사진을 찍는 다는 것은 빛을 본다는 것이다. 정확하게는 빛을 읽을 줄 알아야 좋은 사진을 촬영할 수 있다. 그런데 이 동상(銅像)의 인물이 미처 누구인지를 살펴보지 못했다.

빛과 그림자가 만들어내는 예술적 실루엣 (펜실베이니아주 필라델피아 시청 앞)

아무래도 미국은 한국보다 푸른 날이 많고 직사광선이 더 센 듯하다. 이웃 사람들이 자외선차단제를 꼭 바르고 다니라 권한다. 나는 카메라 렌즈가 더럽혀지는 것이 싫어서 맨얼굴로 다니는 경우가 많다. 그래도 이렇듯 멋진 실루엣 풍경을 볼 수 있으니 얼굴이 좀 타더라도 행복하다.

오후가 시작되는 시간, 필라델피아 번화가에 있는 한 건물 창가에 우두커니 서서 빛이 쏟아져 내리는 거리를 바라본다. 인공빛이 아닌 자연빛 한 줄기가 때마침 걸어오는 금발 남자를 향해 부서진다. 그 뒤로 길다란 그림자 하나가 흔들거리며 따르고 있는데, 그 모습이 마치 옛날 이 거리를 거닐었을 루이스 칸의 모습처럼 느껴졌다.

07

소년과 기차

언젠가 고향집에서 짐정리를 하다가 낡은 공책 한 권을 발견했다. 거기에는 어린 시절에 지은 듯한 동시 한 편이 적혀 있었는데, 제목이 '소년과 기차 창작연도 미상, 1983년 재정리'였으며 그 전문은 다음과 같다.

"노을이 져 버린 자리에 / 밤 새워 어둠이 내리면 / 어느 소년을 태운 기차가 / 기적을 울리며 지난다 // 소년은 할머니 무릎 위에서 / 초롱초롱 별들을 올려다본다 / 기차가 닿는 곳을 그리며 / 기차 안 그 사람들을 그리며 // 소년은 가만히 귀를 막는다 / 아이들의 휘파람 소리에 / 산새 날갯짓 하는 소리에 / 불어오는 솔바람 소리에 // 그리고 조용히 눈을 감는다 / 자꾸자꾸 걸어만 간다 / 오색빛 램프가 가득한 곳으로 / 사람들이 많은 곳으로"

기차가 닿는 신비로운 도시 (펜실베이니아주 필라델피아 30번가 철도역)
드렉셀대학 어느 건물 6층에서 촬영한 사진이다. 오른쪽 아래에 기차가 불빛을 흘리며 역으로 들어가는 모습이 보인다. 붉은 조명이 모자이크처럼 켜진 정면의 큰 빌딩은 아르헨티나 건축가가 설계한 '시라 센터(Cira Centre)' 이다.

그리고 시 아래편에는 고등학교 시절 이를 다시 정리하면서 창작배경에 관해 기록해 놓은 '습작메모'란 글이 다음과 같이 덧붙여져 있었다. "차마 적어두기가 부끄러운 글(동시)이다. 하지만 내게 있어선 소년 시절의 서정성과 성장과정을 엿볼 수 있는 소중한 자료라고 생각된다."

나는 어릴 적에 주로 외가에서 머무는 때가 많았는데, 그 곳은 까마득한 산골이었다. 초가집 한 채를 뒤로 하고 동산 어귀에 오르면, 해질 무렵에 그 아래로 기차가 한 대 지나고, 노란 불빛이 감미로운 기차 안 좌석마다엔 사람들이 빼곡히 모여 앉아 도란도란 이야기꽃을 피우는 모습이 언뜻언뜻 보이곤 했다. 당시 한 번도 기차를 타 본 적이 없던 나로서는 그것이 그렇게 신기하고 부러울 수가 없었다. 그날 밤엔 영락없이 그 기차를 타고 어느 낯선 도시로 가서, 오색빛 램프 속을 거닐며 많은 사람들과 만나는 꿈을 꾸곤 했다. 정말이지 아름다운 시절이었다.

이렇게 자란 소년은 그 이후 실제로 기차를 타고 집을 떠났다. '시인'이라는 꿈을 접고 '건축가'가 되기 위해 인근 도시의 공업고등학교에 진학했기 때문이다. 그리고 마흔 후반을 넘기는 지금의 나이까지 국내외 여기저기의 숱한 도시에서 자신의 삶의 궤적을 그리며 인생길을 걸어가고 있는 중이다. 돌이켜보면 예나 지금이나 도시에 대한 동경심에는 변함이 없다. 실제로 들어가 본 도시는 고독과 번민, 찰나적 충격이 가득한 곳이었지만, 왠지 금방이라도 꿈을 이룰 수 있는 기회가 주어질 듯한, 신비롭고 가슴 설레는 그런 곳임에 틀림없다.

오늘은 이렇게 멀리 미국의 낯선 도시에 와 있다. 필라델피아 시가지가 한 눈에 내려다보이는 어느 대학 건물 창가에 우뚝 서서, 물끄러미 어둠이 내리는 도시

오색빛 조명이 가득한 도시 (펜실베이니아주 롱우드가든)
도시의 특징은 조명이 많다는 것이다. 울긋불긋한 불빛들을 바라보고 있으면 마치 동화나라 속으로 들어온 듯한 느낌이 든다. 해질 무렵 파란하늘이 남아있을 때 바라보는 불빛은 더욱 아름답다. 누구라도 마음속에 등불을 켜 놓고 살아간다면 틀림없이 행복이 찾아올 것이다.

를 바라본다. 지금까지 이 도시로 흘러들어온 시골 소년들은 과연 몇 명이나 될까, 그들도 나처럼 도시를 동경하고 꿈을 찾아 모여들었던 것일까, 그들을 이곳으로 끌어들인 매개체는 무엇이었을까. 잠시 상념에서 깨어나 눈을 뜨니 멀리 시내 한복판을 향하여 밤기차 한 대가 달려가고 있다. 여전히 오색빛 램프가 달려 있다. 꿈을 찾아, 사랑을 찾아, 부푼 가슴을 안고 떠난 소년들의 벅찬 가슴들이 그 안에서 환히 빛나고 있을 것이다.

08

길잡이가 되는
건축

어느 낯선 도시를 여행하려고 할 때 대체로 제일 먼저 들르는 곳은 어디인가? 여객터미널, 관광안내소, 시내중심부 등 사람마다 다르겠지만, 건축가들은 주로 그 도시에서 가장 높은 건축물에 올라가 보는 경향이 있다. 왜냐하면 그곳에서 도시 전체를 한눈에 내려다보며, 대략적인 지형이나 주요 도로망의 분포, 그리고 답사할 건축물의 위치를 파악하기 위해서이다. 그 같은 장소는 비단 건축물뿐만이 아니고 높은 탑이나 전망대가 될 수도 있는데, 사방팔방으로 시야가 확 트여서 어디라도 잘 보이는 그런 곳이어야 한다.

복잡한 도시 한복판을 거닐다 보면 갑자기 길을 잃어버리는 경우가 있다. 그럴 때 어느 방향에선가 이미 익숙해진 건축물이 눈에 들어온다면, 그것을 기준 삼아 원래 가고자 했던 길을 쉽게 찾아갈 수 있다. 바로 그러한 역할을 하는 건축물을 흔히 '랜드마크 land mark' 또는 '아이콘 icon'이라고 부른다. 현재 우리나라 도시들은 어디를 가더라도 다 비슷비슷한 모양의 건축물들이 다닥다닥 모여 있는 형국이라, 그 도시에 맞는 '특색 identity'이나 그 도시에 어울리는 '상징 symbol'이 없다고 많은 학자들이 지적하고 있다.

내가 필라델피아 중심가 Center City를 처음 방문했다가 대학촌 University City으로 돌아가는 방향을 잃었을 때, 멀리서 우뚝 선 채로 길잡이가 되어준 아름다운 건축물이 하나 있다. 도시로 들어오는 중요한 관문인 30번가 철도역 바로 옆에 위치한 그 건축물은 '시라 센터 Cira Centre, 2005'라고 이름 붙여진 거대한 유리벽 빌딩이다. 언뜻 보면 매우 단순한 외관을 가지고 있는 듯하지만, 자세히 살펴보면 동서남북의 입면이 전부 다른 모양으로 만들어져 있다. 더욱이 밤이 되면 건축물 벽면에 붙은 수많은 전구들이 형형색색으로 빛을 뿜어내어, 길가는 사람들의 이정표 역할을 톡톡히 해내고 있다. 2011년 유명 조명회사인 필립스 Philips가 유방건강과 조기진단의 중요성을 일깨우기 위하여 '전 세계 건축물 점등행사 Global Landmarks Illumination Initiative'를 벌였는데, 시라센터는 그 점등 대상인 200개 건축물 중의 하나로 선정되어 건물 전면에 핑크빛 불을 밝히기도 했다.

이 건축물을 설계한 사람은 '시저 펠리 Cesar Pelli, 1926~2019'라고 하는 아르헨티나 출신 건축가이다. 그는 세계적으로 유명한 랜드마크 빌딩들을 설계했는데, 대표적인 작품으로는 말레이시아 쿠알라룸푸르에 있는 '페트로나스 트윈 타워 Petronas Twin Tower, 1998'를 들 수 있다. 이 건축물은 완공된 직후 '숀 코네리 Sean Connery, 1930~2020'와 '캐서린 제타 존스 Catherine Zeta Jones, 1969~'가 열연했던 영화, '엔트랩먼트 Entrapment, 1999'의 주요 촬영장소로 사용되어 그 명성이 더욱더 세상에 알려지게 되었다.

밤길에 북극성처럼 길잡이가 되어 주는 건축 (펜실베이니아주 필라델피아 페어마운트공원 강가)
밤중에 공원에 나가는 것이 위험하다는 주위의 만류를 뿌리치고 몇 번이나 도전해서 얻은 작품이다. 봄날 초저녁, 손톱 같은 조각달과 샛별들이 돋아난 하늘 풍경이 그대로 강물 위에 투영되어 환상적인 분위기가 만들어졌다. "내가 바로 이런 맛 때문에 카메라를 손에서 놓지 못한다."

도시의 새로운 상징으로 자리매김한 건축 (펜실베이니아주 필라델피아 30번가 철도역 부근)
어느 쪽에서 보더라도 건물모양이 달리 보인다. 필라델피아 시내에서 이동방향을 파악할 때, 나는 꼭 이 건축물의 위치를 확인한다. 드넓은 도시에서 등대처럼 길잡이가 되어주는 고마운 건축물이다.

문득 "좋은 건축물은 그것을 세운 대지와 장소, 그것과 관련한 문화·기후·역사, 그리고 그것을 사용하는 사람들의 요구사항에 대해 명확한 답변 respond 을 필요로 한다."라며, 독특한 억양으로 역설하던 시저 펠리의 육성이 생생하게 떠오른다. 그런 의미에서 시라센터는 도시의 관문이 되는 가장 중요한 위치에 우뚝 서서, 넓디넓은 콘크리트 공간을 표류하는 통행인들에게 낮이나 밤이나 소중한 길잡이가 되어 주고 있으니, 최소한 그것이 세워진 대지와 장소를 제대로 이해하고 있는 건축물임에 틀림이 없을 것이다. 필라델피아의 새로운 아이콘

길 잃은 구름도 잠시 머물다 가는 유리의 성 (펜실베이니아주 필라델피아 시라센터 앞)
하늘빛과 유리빛깔이 하나이다. 건물 유리벽에 구름 하나가 둥실 떠 있다. 그 밑의 철로 위엔 기차가 구름보다 훨씬 빠른 속도로 달리고 있다. 우리는 도대체 어디를 향해 이렇게 서두르며 달려가고 있는 것일까?

으로 부각되고 있는 '유리의 성城 - 시라센터', 지금 그 곳엔 갈 길 잃은 구름 하나가 시원한 바람결에 몸을 내맡긴 채 잠시 머무르며 쉬고 있다.

09
유리창은
거리의 전시장

거리를 걷다가 문득 발걸음을 멈춰 설 때가 있다. 바로 건물 유리창에 자기 모습이 비쳤을 때이다. '오늘 옷차림이 이상하지는 않은가! 남들에게 자기 모습이 괜찮게 보일까!' 대부분의 사람들은 이런 생각을 하면서 순간적으로 스쳐 지나가거나 잠시 동안 멈춰 서서 옷매무시를 가다듬거나 한다. 날씨가 화창한 날, 일층 상점의 반투명 유리창 가에 앉아 있으면 가끔씩 무안해질 때가 있다. 안에서 바라보고 있는 줄도 모르고 유리창을 거울삼아 립스틱을 바르거나 웃옷을 바지 속으로 집어넣는 사람들이 있기 때문이다. 그럴 때마다 늘 타인을 의식하며 살아가야 하는 우리 인간들의 슬픈 자화상을 보는 듯한 느낌이 든다.

필라델피아 도심 한복판을 거닐다보면 양쪽으로 빽빽하게 솟은 빌딩들 때문에 하늘을 올려다보기가 힘들다. 주로 보이는 것은 오피스 건물의 창문들뿐이다.

유리창에 투영되는 오피스 빌딩 (일리노이주 시카고 시내)
푸른 하늘 속으로 쭉 뻗은 빌딩 하나가 상대편 건물 유리창에 멋지게 투영되어 있다. 마치 키가 한창 자라고 있는 청소년이 거울을 들여다보며 얼마나 컸는지 확인하는 모습처럼 보인다. 건축의 키도 자란다는 것을 세상 사람들이 알고 있을까!

유리창이 그려내는 추상화 그림 (펜실베이니아주 필라델피아 시내)

필라델피아 중심부는 마천루가 즐비한 곳이다. 특히 철골과 유리가 대규모 사용된 건축물이 거리에 가득하다. 창틀에 하나씩 끼워놓은 유리가 서로 다른 반사각을 가져, 주변의 빌딩 풍경을 재미있게 담아낸다. 그 모습이 꼭 얼굴모양 같다. 웃는 얼굴, 정숙한 얼굴, 찌푸린 얼굴, 일그러진 얼굴……

한낮의 태양빛을 받아 밝아진 건물들이 그늘 속 어두운 건물들의 유리창에 와서 맺힌다. 그런데 생긴 그대로가 아니고 오목조목, 알록달록, 울퉁불퉁 그 모양이 참 다양하게 그려진다. 고르지 못한 유리면을 따라 벽도 창도 배관도 모아졌다 퍼지기를 반복하며 함께 구불거리며 흘러간다. 마치 한 폭의 그림 같다. 오늘날 요지경 속의 복잡한 도시 풍경을 나타내고 있는 것 같은 멋진 추상화…….

유리창이란 본래 건축물에 있어 빛을 안으로 들여오거나, 안에서 밖을 내다보기 위해 만들어놓은 구조체이다. 그러나 이러한 투시적인 측면 외에도 사물을 반사시키는 성질이 따로 있기에, 이렇듯 상황에 따라 여러 가지 재미있는 그림이 연출되곤 하는 것이다. 그런 의미에서 '유리창은 거리의 전시장'이라고 할 수 있다. 현재의 풍경을 실시간으로 담아내는 살아 있는 전시장……. 그 안에서는 비가 내리고, 눈이 내리고, 바람이 불고, 나뭇가지가 흔들거리며, 그렇게 봄·여름·가을·겨울로 쉴 새 없이 새로운 작품들이 만들어진다.

건축을 담아내는 건축

필라델피아 Philadelphia의 '인디펜던스 내셔널 히스토리컬 파크 Independence National Historical Park'에 가면 세계적인 건축가 '아이엠페이 Ieoh Ming Pei, 1917~2019' 그룹이 설계한 '국립헌법센터 National Constitution Center, 2003'를 찾아볼 수 있다. 그는 건축물을 디자인할 때 삼각형 유리를 즐겨 사용하는데, 우리에게 잘 알려진 것으로는 프랑스 '루브르박물관 Musée du Louvre, 1190' 앞마당에 조성해놓은 '유리 피라미드 Glass Pyramid, 1989'를 들 수 있다. 만약 미적 감흥이 있는 사람이 해가 막 지고 난 뒤에 불 켜진 유리 피라미드가 수면에 비쳐서 환상적으로 반사되는 모습을 마주한다면 솟구쳐 오르는 감동을 억제하기가 쉽지 않으리라. 수년 전 일본 사가현 滋賀縣의 깊숙한 산 속에 위치한 '미호미술관 Miho Museum, 1996'을 방문했을 때도 삼각형 유리를 조합해서 만들어놓은 지붕 디자인을 발견하고 무척 독특하다고 생각했는데, 아니나 다를까 그 건물 역시 어느 종교단체의 의뢰를 받아 아이엠페이가 심혈을 기울여 설계한 작품이라고 전해진다.

고정된 건축물과 움직이는 인간이 만들어내는 한 폭의 그림 (펜실베이니아주 필라델피아 국립헌법센터)

건축은 빛이 있는 곳에 존재한다. 그곳이 실외든 실내든 빛을 잘 관찰하면 시시각각으로 변하는 건축의 다양한 얼굴과 마주할 수 있다. 날씨가 맑은 날에 창을 통해 공간 안쪽에서 바깥쪽을 바라보면, 명암대비가 뚜렷해 이외의 풍경을 사진으로 촬영할 수 있다. 나는 그런 곳에 사람이 나타나길 기다려 실루엣으로 촬영하는 것을 즐긴다.

이 건축을 거니는 사람들이 저 건축을 바라보는 풍경 (펜실베이니아주 필라델피아 국립헌법센터)

사진처럼 건축물의 유리창은 하나의 그림액자가 된다. 그 속에선 의도하지 않은 여러 가지 풍경이 펼쳐져 바라보는 사람에게 생동감을 느끼게 해준다. 그런 것을 전문용어로 '차경(借景, appropriation)'이라고 하는데, 빛이나 경치를 빌려 쓴다는 의미이며, 소유하지 않는다는 것이 중시된다.

국립헌법센터는 미합중국 헌법 역사에 관한 여러 가지 자료들을 전시하고 교육하기 위해 만든 건축물이다. 영상·사진·공예 등의 다양한 표현기법을 이용하여 관련 자료를 입체적으로 소개하고, 헌법 제정에 서명했던 역사 속 인물들을 실물크기 조각상으로 재미있게 재현해 놓아서, 역사에 관심이 많은 미국인이나 필라델피아를 방문하는 관광객들이 한번쯤은 들렀다 가는 곳이다. 그리고 건축물에는 아이엠페이 설계의 상징 trade mark이 되어버린 듯한 삼각형 구조물들이 여기저기 구사되어 있어서, 나 같은 건축전공자들에게는 현대건축 답사 대상지의 하나로서 관심을 가질 만한 그런 장소이기도 하다.

그러나 내가 이곳을 방문했을 때 가장 먼저 눈에 들어온 것은 다른 무엇들보다도 중이층 통로에 마련된 커다란 전면 유리창이었다. 정확하게는 일층 홀에서 이층으로 올라가는 계단 입구에서 유리창을 바라보았을 때, 그 안에서 펼쳐지는 고정된 건축물과 움직이는 인간이 만들어내는 한 폭의 그림 같은 풍경이라고 말할 수 있다. 즉 유리창 한편에는 부드러운 겨울 햇살을 받아 눈부시게 빛나는 '아메리칸 의과대학 American College of Physicians'의 대리석 건물이 자리하고, 시간의 흐름에 따라 그 쪽으로 다양한 사람들의 실루엣들이 차례차례 접근해 가는 풍경……. 그것이 나에게는 마치 영화 속의 한 장면을 보는 것처럼 아름답게 느껴졌다.

건축이 가슴을 열어 또 다른 건축을 담아내고, 이 건축을 거니는 사람들이 저 건축을 바라보는 풍경이다. 그리고 보면 건축이란 홀로 독립되어 존재할 수 있는 개체가 아니다. 아주 외딴 곳에 홀로 떨어져 있다면 모를까, 적어도 도시 속에서는 다른 건축물들과 어울려서 호흡하며 지내야 하는 태생적 숙명성을 가진다. 그리고 좋든 싫든 존재하는 것 그 자체만으로도 이미 다른 건축물들에게

건축 안으로 들어온 건축 (펜실베이니아주 필라델피아 국립헌법센터)
건축은 개인적인 것이지만 지극히 사회적인 것이기도 하다. 사회성을 배제하고 아무렇게나 지은 건축물은 다른 건축이나 건축주들에게 피해를 입힌다. 의복이 기본적으로 내 몸을 보호하기 위해 입는 것이지만, 그 상태가 불량스러우면 남들에게 불쾌감을 유발시키는 것처럼 말이다.

영향을 미치게 되며, 의식하든 그렇지 아니하든 여러 방향으로부터 자신의 모습이 포함된 완결된 경관들이 만들어진다.

그런데 우리는 평소에 건축물을 지으면서 과연 얼마나 주위 건축물들을 의식하며 또 배려하고 있는가. 혹시 내 건축물이라고 해서 내 마음대로 짓고, 나만 좋으면 그만이라는 생각을 하지는 않는가? 오늘날 우리가 사는 도시 속에서 주변환경과 조화를 이루지 못하고 무질서하게 배치되어 있는 여러 건축물들의 일그러진 초상들을 바라보면서, 건축학자의 한 사람으로서 건축이 사회에 미치는 영향과 역할에 대해 다시 한 번 깊이 생각해보지 않을 수 없다. 그리고 다른 건축을 담아낼 수 있는 건축, 다른 건축에 담길 수 있는 건축……. 그런 건축이 좋은 건축이라고 가정하다면, 이를 위해서는 앞으로의 건축에 어떠한 디자인이 요구되는지도 심도 있게 고민해봐야 될 일이다.

11

사람이 물처럼
흘러가는 공간

일반적으로 건물이란 대지 위에 일정한 면적을 점유하여 벽을 구축한 후 그 내부를 사용하는 성격이 있다. 그렇다보니 한번 건물 속으로 들어가면 다시 되돌아 나오기까지는 그 안에서 머물러 있어야 한다. 요즘 대도시에는 쇼핑몰을 비롯하여 대형건물들이 많이 들어서고 있는데, 인구가 도시로 집중하다보니 그것을 수용하기 위해 넓은 공간들이 필요해지는 모양이다. 그런데 문제는 이러한 건물들이 길 가는 사람들의 통행에 장애물이 될 수도 있다는 사실이다. 특히 원래 그 땅에 건물이 아예 없었거나 있더라도 작은 건물 몇 채가 모여 있었던 경우라면, 통행인들은 예전처럼 땅을 가로지르거나 건물들 사이를 빠져나가지 못해 답답한 마음을 느낄 것이다.

건물주 입장에서는 언뜻 "내 땅에 내 건물 짓는데 무슨 상관이냐? 건물 주변에

건축물 일층통로를 걷고 있는 부부 (펜실베이니아주 필라델피아 시청)

요즘엔 '디지털 일안 반사식(DSLR: Digital Single-Lens Reflex)' 카메라가 많이 보급되어 사진을 취미로 하는 사람들이 늘어났다. 야간이나 빛이 적은 곳에서 움직이는 사람을 촬영하고 싶을 때, 셔터속도를 빨리 해야 한다는 것은 일반적으로 알고 있으나, 그러기 위해선 감도(ISO) 값을 올려야 한다는 사실은 잘 모르는 경우가 많다. 이 사진은 빠른 셔터속도 확보를 위해 감도 수치를 600까지 올린 결과물이다.

통로가 따로 있지 않느냐?"라고 생각할는지 모른다. 그러나 이 세상에서 영원하고 완전한 자기 것이란 존재할 수가 없다. 이 땅도 과거에는 다른 사람의 소유였다가, 현재는 내가 잠시 빌려서 사용하는 것일 뿐, 내일은 또 누군가에게 넘겨줘야 하는 그런 대상이다. 아울러 인간은 늘 타인과의 관계 속에서 살아가야 하는 군집성群集性을 가진 동물이기에, 내 땅이라고 해서 매일 나만 밟으며 생활할 수는 없는 일이다. 그러한 의미에서 비록 내 터에 내 집을 짓는 일이라 하더라도 가능한 한 남을 배려하는 자세가 필요하다.

우리나라 도시를 걷다보면 인도에 바짝 붙여 지은 건물들 때문에 통행이 불편할 때가 많다. 심한 경우는 열어놓은 출입문이 도로를 침범하고 있어 그것을 피해서 걸어야만 하는 사례도 적지 않다. 아마도 건축물을 만든 사람은 관계법령에만 저촉되지 않으면 그만이라는 생각을 가진 듯하다. 그러나 법이라는 것은 일반적으로 최소한의 규제만 마련하는 수준에서 만들어진다. 그 이상의 몫은 구성원들 각자의 윤리나 철학에 의지해 전반적인 사회시스템을 유지해 나갈 수밖에 없다. 즉 사람들이 가지고 있는 의식수준에 따라 더불어 살아가는 밝은 사회의 운명이 좌우되는 것이다.

여기저기 건축답사를 하다보면, 가끔씩 일층이나 지하 부분에 별도의 통로를 마련해서, 지나는 사람들의 흐름이 끊기지 않도록 배려한 좋은 건축물들을 발견하곤 한다. 건축주 입장에서는 그 공간이 무척 아까울 수도 있을 것이다. 그러나 마음을 고쳐먹고 개인의 이기심을 넘어 자신과 사회와 도시를 전체 속에서 조망해보면, 그렇게 건축하는 것이 결코 손해만 보는 일은 아니며, 오히려 득이 되고 바람직하며 마땅히 해야 될 일이라는 것을 깨닫게 될 것이다. 의외로 세상의 이치는 단순해서 하나를 얻으면 하나를 잃게 되는 것이 일반적이다.

건축물 지하통로를 걷고 있는 소녀 (펜실베이니아주 브린모어역)

지하통로 반대편 계단 위에서 통행인들을 관찰하며 수차례 촬영을 반복해서 얻은 결과물이다. 거리에서의 촬영은 절대 보행자에게 불편을 주어선 안 되며, 얼굴 등의 신상이 노출되지 않도록 주의하는 것이 필요하다. 허락을 득하지 않은 인물사진을 배제하고, 거리나 건축물 속에 사람이 자연스럽게 삽입되도록 촬영하는 것이 요령이다.

지나친 인색함은 화를 부른다. 사람이 자꾸만 모여드는 공간이 좋은 공간이며, 사람이 물처럼 부드럽게 흘러가는 공간이 좋은 공간이다.

12

모두에게
행복한 거리

저녁 햇빛이 건축물 벽에다 긴 그림자를 남기는 시간, 홀로 카메라를 둘러메고 거리를 걷고 있으려니, 문득 귀에 익은 노래 한 구절이 생각난다. 가사의 주요 부분이 "숨 쉴 수 있어서, 바라볼 수 있어서, 만질 수 있어서, 말할 수 있어서, 들을 수 있어서, 사랑할 수 있어서 행복해요 추가열, 2009"란 내용으로 이루어져 있는데, 삶을 살아가다가 불평하는 마음이 쌓일 때 한 번쯤 들어보면 위로가 되고 힘이 생기는 그런 곡이다. 성경을 찾아보면 "항상 기뻐하고, 범사에 감사하라(살전 5:16~18)"고 되어 있지만 어디 그것이 말처럼 쉬운 일인가. 우리는 오감을 느낄 수 있고 사지가 멀쩡한데도 늘 불만투성이인 나날을 보내기가 일쑤이다.

오늘 이렇게 두 다리로 거리를 활보할 수 있다는 것은 진정으로 행복한 일이다. 이 세상에는 너무나도 당연한 듯한 이런 행동이 전혀 불가능한 사람들도 많다.

전동휠체어를 타고 거리를 산책하는 장애인 (펜실베이니아주 필라델피아 대학도시)

내가 미국에서 수행한 연구는 '장애인 특성을 고려한 건축적 접근성에 관한 사례조사'였다. 장애인들이 도시 및 건축공간을 사용할 때 맞닥트리는 여러 가지 문제들을 미국에서는 어떻게 해결하고 있으며, 그것이 우리나라 상황과는 얼마나 다른지에 대해, 실제 현장에서 관찰 조사해 보는 연구라고 할 수 있다. 그 중에서도 특히 거리를 이동할 때와 건축물에 진입할 때 발생하는 장애요소들의 해결방법에 주목했다.

단차가 없고 통행 폭이 넓은 공공건축물 접근로 (펜실베이니아주 필라델피아 올드시티)

미국 '독립기념관(Independence Hall)'은 원래 펜실베이니아 식민지정부의 의사당으로 신축되었으며, 1776년 7월 독립선언서가 발표된 장소이다. 1800년까지 10년 동안 미국연방정부의 청사로 사용되었다. 첨탑부분에 '자유의 종(The Liberty Bell)'이 걸려 있었으나, 지금은 전용 전시장(Liberty Bell Center)을 지어 별도로 보관하고 있다. 유서 깊은 거리(Old City)로 시민들이 많이 찾는 곳이다. 장애인들의 관광지 이용 편의시설 사례를 연구하기에 아주 좋은 장소이다.

선천적이든 후천적이든 자신의 의도와는 다르게 장애를 가지게 된 경우가 그렇다. 몸이 불편한 탓에 가고 싶은 곳이 있어도 자유롭게 갈 수가 없고, 하고 싶은 일이 있어도 자유롭게 할 수가 없는 사람들……. 장애는 특별히 정해진 사람에게만 찾아오는 것이 아니다. 또한 나와 무관한 사람에게만 발생하는 것도 아니다. 특히 다른 선진국들과 비교해서 교통사고와 산업재해 발생비율이 높은 우리나라 사정을 감안한다면, 일상생활에서 장애를 입을 확률이 결코 드물다고 만은 할 수 없을 것이다.

조명이 밝고 바닥이 평탄한 지하철 내부 통행로 (펜실베이니아주 필라델피아 SEPTA 지하철)

미국은 선진 복지건축 개념인 '무장애디자인(Barrier Free Design)'과 '유니버설디자인(Universal Design)'을 창안해낸 국가이다. 개인적으로 한국과 일본에서 각각 9년씩 이 주제를 연구해 온 입장에서 볼 때, 미국에서는 장애인들이 전혀 움직임에 제약을 받지 않고, 비장애인들과 똑 같이 일상생활을 누리고 있는 모습이 주목거리이다. 즉 상위복지 개념인 '노멀라이제이션(Normalization)'의 실현단계까지 나아간 것 같은 느낌이다.

미국에 와서 받은 긍정적인 인상 중의 하나는 장애인 통행을 위한 기초적 환경이 참 잘 갖추어져 있다는 점이다. 우선 보도에는 턱과 장애물이 없어 휠체어를 타고 마음대로 돌아다닐 수 있으며, 공공 건축물과 지하철에는 곳곳마다 경사로와 엘리베이터가 설치되어 있어서 진입이 용이하다. 아울러 각종 안내 표지판이나 부착물 등도 장애인의 통행에 불편을 주지 않고, 인지하기 쉽도록 제작되어 이들의 바깥 활동을 도와주고 있다. 여기서는 더 이상 장애인을 특별하게 여기지 않고, '신체조건이 조금 불편한 사람' 정도로만 생각하며, 스스럼없이 서로 어울리는 문화가 형성되어 있는 듯하다.

나는 장애인들이 소외받지 않는 환경을 갖춘 국가가 선진국이라고 생각한다. 즉 장애인은 물론 '건강한, 대한민국, 성인, 남자'에 비해 상대적으로 삶의 조건이 열악해질 가능성이 높은, 어린이·노인·여성·환자, 그리고 외국인까지도 동등한 조건 안에서 살아갈 수 있는 사회시스템을 갖춘 국가를 이야기한다. 이를 실현하기 위해서는 먼저 우리에게 장애인이든 비장애인이든 모두 다 같이 존중받아야 될 인격적 존재이며, 이 시대를 함께 도와가며 살아가야 할 소중한 이웃이라는 인식이 필요할 것이다. 모두에게 행복한 거리, 모두에게 평등한 사회, 앞으로 우리가 꿈꾸어 나가야 할 진정한 복지국가의 과제이다.

13

편지를 기다리는 집

'시월애 時越愛, 2000년' 라는 영화가 있다. 우편함을 통해 편지를 주고받으며 2년이라는 시간을 초월해서 사랑을 나누는 어느 남녀의 이야기를 그린 작품이다. 개봉된 직후 한국영화 최초로 미국 할리우드 Hollywood 영화로 다시 만들어져 '레이크 하우스 The Lake House, 2006' 란 작품으로 발표되었다. 이 미국판 영화에서 내가 인상 깊게 감상한 장면은 '미국 현대건축의 보고 寶庫'라는 시카고 Chicago의 도시 풍경, 호수 위에 멋들어지게 지어 놓은 별장형 주택, 건축업에 종사하는 남자 주인공과 그 아버지의 일상 모습, 이야기 전개의 주요 매개체가 되는 우편함에 관한 설정들이다.

그 중에서 우편함은 마법에 걸린 듯 편지를 배달부도 없이 자동으로 보내고 받는다. 겉모습은 19세기형처럼 생겼는데 내부는 아마도 최첨단 디지털 장치로

편지를 기다리는 집 (펜실베이니아주 아미쉬마을)

"세상의 눈에 보이는 모든 것이 다 건축이다." 내가 학생들에게 자주 들려주는 말이다. 종합학문으로서의 건축을 올바르게 공부하려면 다양한 분야를 두루 섭렵해야 한다는 이야기이다. 그런 의미에서 보면 우체통도 집이고 편지함도 집이다. 다만 사람의 육신이 들어가지 않고, 정신의 산물이 들어간다는 것만 다르다.

그리운 사람에게 연필로 쓰는 편지 (펜실베이니아주 브린모어 레드윈아파트)
둘째 딸이 유치원 시절의 선생님께 편지를 쓰는 모습을 실루엣으로 촬영했다. 연필이나 잉크 펜으로 꾹꾹 눌러 쓴 글자들로부터는 사람의 향기가 느껴진다. 이런 사진을 촬영할 때는 조리개를 활짝 열어서 불필요한 배경이 잡히지 않도록 하는 것이 좋다.

구성되어 있는 모양이다. 더욱이 타임머신 기능까지 있으니 가능하다면 우리 집 앞에도 하나 설치해 놓았으면 좋겠다. 그러면 이미 돌아가신 그리운 분들과도 서신의 송수신이 가능할 것 아닌가. 요즘에는 이메일을 주로 사용하기 때문에 우편함을 통해 편지를 주고받는 일이 드물어졌다. 그러나 또박또박 손글씨로 써서 봉투에 넣어 부치는 종이편지에는 보내는 사람의 정성과 받는 사람의 설레임이 깃들어 있다.

새로 집을 짓는다는 것은 새로운 주소가 생긴다는 것이다. 그리고 그 주소를 상징하는 것 중의 하나가 바로 우편함이다. 그것을 통해 처음으로 배달된 편지를 받았을 때 비로소 내 집이 타인에게 인지되었다는 사실을 느끼게 된다. 길을 가다가 집 앞에 놓인 아기자기한 우편함들을 보노라면 왠지 모르게 마음이 포근해진다. 나 혼자만이 아닌 다른 사람의 존재를 간접적으로 느낄 수 있기 때문이다. 정확하게는 자기와 우호적인 관계를 형성하며 도움을 주고받을 수 있는 타인을 의식할 수 있기 때문일는지도 모른다.

미국 펜실베이니아주에 위치한 아미쉬 Amish 마을을 지나던 중에, 조그만 주택 모양으로 만든 우편함들이 옹기종기 모여 있는 모습을 발견하였다. 아미쉬 마을은 종교적인 이유 때문에 현대의 첨단문명을 일체 거부하고, 아직도 18세기 삶의 방식을 그대로 유지하며 살아가고 있는 곳이다. 컴퓨터는 물론 전기도 자동차도 사용하지 않으니, 이메일을 보내려야 보낼 수도 없고 받으려야 받을 수도 없는 형편이다. 따라서 집 앞 도로변마다에는 예쁘게 꾸민 우편함들이 세워져 배달되는 편지들을 기다리고 있다.

미국의 일반적인 개인용 우편함들은 옆에 팔모양의 막대기가 달려 있어서, 안에 편지가 들어 있을 때는 그것을 세워 놓음으로써 수거해 갈 수 있도록 하고 있다. 그 모양이 마치 손을 번쩍 들고 선생님의 선택을 기다리는 초등학생 같은 느낌이라서 매우 귀엽기만 하다. 오늘은 날씨도 화창하니 테라스나 발코니에 탁자를 가져다 놓고, 싱그러운 햇살을 받으며 그리운 사람에게 편지나 한 통 써 보면 어떨까. 텅 빈 가슴으로 기다리는 편지의 집, 그 우편함을 위하여……

14

하늘을 담은
건축

하루 종일 컴퓨터 앞에 앉아 있으려니 눈이 침침해지고 어깨가 뻑적지근하게 아파 온다. 문득 푸른 하늘이 그리워지기에 문을 열고 테라스로 나갔다. 초여름 날씨에 하늘이 눈부시게 푸르다. 양팔을 들어 올려 심호흡을 한번 하고 나니 기분이 상쾌해진다. 두둥실 떠가는 솜털 같은 구름은 금방이라도 나를 어느 먼 낯선 여행지로 데려다 줄 것만 같다. 자고로 사람이란 하늘을 자주 올려다봐야 가슴이 탁 트이고 마음이 청아해지는 듯싶다. 그러나 바쁜 일과에 쫓기다보면 어느새 하늘 올려다보는 일을 의식 속에서 까맣게 잊어버리고 만다.

요즘 도심에서 생활하는 사람들은 건물에서 하늘 올려다보기가 참 어려운 듯하다. 상가든 사무실이든 학교든 다 덩그러니 크게는 짓고 있는데, 어디 한구석 자유롭게 하늘을 올려다볼 수 있는 공간이 존재하지 않기 때문이다. 더욱이 바닥

하늘을 동그랗게 오려내어 연못에 담아 낸 건축 (워싱턴 DC 허시혼 미술관)

어릴 적엔 내가 살던 집에는 사방이 건축물로 둘러싸인 안마당(中庭)이 존재했다. 그 아늑함이 좋았던 때문일까. 지금도 중정이 있는 건축물을 유난히 좋아한다. 이 미술관을 처음 방문한 시간은 늦은 오후였는데, 사람들이 다 돌아갈 때까지도 어슬렁거리며 독특한 분위기를 즐겼다.

어른들의 휴식처와 아이들의 놀이터로 개방된 건축 (워싱턴 DC 허시혼 미술관)
내가 지금까지 봐왔던 중정형 건축물은 대개 안쪽 공간이 지면으로부터 완전히 차단된 폐쇄적인 공간이었는데, 이곳은 일층 부분을 시원하게 개방해 놓은 것이 특징이다. 덕분에 여름철에 시원한 바람이 안쪽으로 들어와 더위를 식혀준다. 물론 중정 가운데의 분수도 콘크리트의 열기를 식히는데 도움이 클 것이다.

면적 효율성 확보 차원에서 건물 층수를 높이는 바람이 불고부터는, 그 흔하던 발코니조차도 아예 만들지 않는 사례가 허다하다. 그러니 꽉 막힌 실내공간에서 거친 호흡으로 일관해야 하는 답답한 환경이 자꾸만 되풀이되고 있는 것이다. 건물규모는 점점 커지고 있는데 하늘과는 오히려 멀어지고 있으니, 이것이 진정으로 우리가 바라던 건축의 참모습이었던가?

워싱턴 DC 거리를 거닐다가 하늘을 담은 건축물 하나를 발견했다. '허시혼 미술관 Hirshhorn Museum and Sculpture Garden, 1974'이라는 곳으로, 그 형태가 마치 커다

커다란 도넛을 지상에 살짝 띄워 놓은 듯한 건축 (워싱턴 DC 허시혼 미술관)
미술관의 기본 디자인 콘셉트(mass concept)는 안쪽이 비어 있는 둥그런 도넛을 지면으로부터 살짝 띄워 놓은 형상을 하고 있다. 덕분에 육중한 콘크리트 건물인데도 그리 무거워 보이지 않는다. 건축물 사진을 촬영할 때는 화면에 사람이나 차량을 삽입하는 것이 좋다. 그것이 건축물 규모를 가늠해볼 수 있는 스케일(scale) 역할을 해 주기 때문이다.

란 도넛을 지상에 살짝 띄워 놓은 모습을 하고 있다. 건축물 안쪽으로 들어가니 안마당이 보이고, 그 한복판엔 연못이 조성되어 분수가 솟아오른다. 방문객으로 보이는 몇몇 아주머니들이 그늘에 앉아 더위를 식히고, 그 아이들은 첨벙첨벙 연못을 오르내리며 물장난을 치고 있다. 정말 평화로운 풍경이다.

나도 벤치에 걸터앉아 물을 한잔 마시고는 이마에 흐르는 땀을 닦아 낸다. 그러다가 무심코 위를 올려다보았다. 아! 그런데 거기에 하늘이 있었다. 동그랗게 오려낸 하늘이 파랗게 빛나고 있었다. 건축물 안에서 볼 수 있는 하늘의 모습이다. 동그란 마당, 동그란 연못, 동그란 벽면, 그리고 동그란 하늘……. 무어라 형언할 수 없는 공간 속에 내가 지금 들어와 있다. 마치 커다란 항아리 속 같이 아늑하고 신비로운 느낌이다. 바로 그 때 구름 속을 막 빠져나온 태양이 창문으로 구획되어진 건축물 벽면에다 멋진 타원형의 그림을 그려 놓는다. 예술작품이 탄생하는 순간이다.

아마도 잠시 후 저녁이 찾아오면, 사람들은 모두 돌아가고 분수도 일하기를 멈출 것이다. 그러면 연못의 물결은 잔잔해지고, 주위는 알 수 없는 고요로 가득 찰 것이다. 이윽고 하늘에서 하나 둘씩 별들이 내려와 물결 위에서 피어나고, 그 사이로 하얀 조각달 하나가 노를 저어 내 곁을 찾아오리라. 오늘 밤에는 그 월선 月船 한 척에 몸을 내맡기고 저 드넓은 우주를 여행해 보고 싶다. 하늘은 낮에도 그립고 밤에도 그리운 대상이다.

슬프고도 아름다운 창문

차라리 충격이었다. 이렇게 슬프고도 아름다운 디자인이 있을 수가 있는가! 여기는 미국 워싱턴 DC에 있는 유대인 학살 추모 박물관인 '홀로코스트 메모리얼 뮤지엄 United States Holocaust Memorial Museum, 1993'이다. 일층 '증언의 방 Hall of Witness'에서 이층 '기억의 방 Hall of Remembrance'으로 오르려는 순간 나는 그 자리에 그만 우뚝 서 버리고 말았다. 정면의 격자무늬 창틀을 통해 강렬하게 안으로 파고드는 여러 줄기의 신성한 빛들을 만났기 때문이다. 마치 벽에 바둑판처럼 가로 세로의 하얀 선들이 그어져, 그 속으로부터 하얀 빛들이 쏟아져 나오는 것만 같았다. 유리가 있어야 할 부분에는 틀로 메워져 있고 틀이 있어야 할 부분에는 유리가 대신 끼워져, 말하자면 유리와 틀 위치가 서로 뒤바뀐 독특한 모양의 창문…….

생사를 장담할 수 없는 깜깜한 감옥, 그 옛날 창문에서 쏟아져 들어오는 빛은

창과 틀이 서로 뒤바뀐 창문의 내부 모습 (워싱턴 DC)

격자무늬 바둑판형 선창(線窓)을 통해, 낮에는 자연 태양빛이 안으로 들어오고, 밤에는 인공 조명빛이 밖으로 흘러나간다. 일반적 창과 틀의 영역교체가 일어난 것이다. 간단해 보이지만 이런 아이디어가 나오기까지는 오랜 기간의 건축숙련이 필요하다.

창과 틀이 서로 뒤바뀐 창문의 외부 모습 (워싱턴 DC)

일본 건축가 '마사키 엔도(Masaki Endoh, 1963~)'가 동경의 어느 주택지에 설계한 '네츄럴 일루미넌스(Natural Illuminance, 2000~2001)' 주택도, 전면을 이런 창으로 분리해 낮과 밤에 따라 불빛이 거꾸로 들어오게 만들었다. 아마 이런 곳에서 힌트를 얻은 것이 아니었을까?

절망의 빛이기도 하고 희망의 빛이기도 했을 터였다. 이 박물관을 설계한 주요 건축가인 '제임스 잉고 프리드 James Ingo Freed, 1930~2005'는 제2차 세계대전 때 홀로코스트 현장을 직접 목격했던 사람이라고 알려져 있다. 그는 이 박물관을 설계하기에 앞서 유럽에 남아 있는 집단수용소들을 둘러보고, 그곳에서 영감을 얻어 세부적인 건축 디자인을 추진했다고 전해진다. 아마도 그때 그는 기억해 냈으리라, 가족들과 함께 미국으로 탈출하기 직전의 유년시절, 질 낮은 막벽돌과 시커먼 쇠붙이로 허름하게 지어진 집단수용소에서 깡마른 몸과 퀭한 눈으로 올려다보던 그 아득한 창문을……. 절망의 어두운 밤이 지나가고 아침이 밝아오면 막힌 창문 틈을 비집고 들어오는 맑은 햇살 아래로, 유대인들이 마치 시루 안 콩나물처럼 빼곡히 모여들어 두 손을 감아쥐고 희망을 애원하던 그 슬픈 순간을…….

살아 있다는 것은 얼마나 기쁜 일인가! 관람객들에게 박물관 내부를 안내하는 늙은 자원봉사자들의 주름진 얼굴에선 생존자로서의 체험을 후대에 전하려는 진지함과 의지가 사뭇 묻어난다. 건축물 안내서 catalog를 요청하니 갑자기 '재패니즈 Japanese'냐고 묻는다. '재패니즈'가 아니라 '코리안 Korean'이라고 했더니 마침 건축물 안내서가 다 떨어졌다며 대단히 미안해한다. 순간 왠지 모르게 묘한 기분이 들었다. 그 할아버지는 나에게 '일본어 판'이 필요한 것이냐고 물었던 것일까, 아니면 '일본인'이냐고 물었던 것일까?

그러고 보면 이스라엘 예루살렘에 위치한 또 다른 홀로코스트 박물관인 '야드 바셈 홀로코스트 히스토리 뮤지엄 Yad Vashem Holocaust History Museum, 2005'의 개원 기념식 때, 당시 이스라엘 정부는 국제연합 사무총장을 비롯한 세계 40개국의 지도자들을 초청하면서 일본인은 단 한명도 기념식장 안으로 받아들이지 않았

홀로코스트 메모리얼 뮤지엄 정면 풍경 (워싱턴 DC)
오전 중 방문했더니 관람자가 너무 많았다. 다른 건축을 먼저 견학하고 오후에 다시 찾았는데, 이번엔 태양빛 위치가 바뀌어서 건축물 전면에 그림자가 드리웠다. "나중에 찍어야지." 라는 건 없다. 건축물 사진은 느낌이 왔을 때, 바로 그 자리에서 촬영해야 한다는 사실을 새삼 깨닫는 순간이었다.

다고 한다. 왜 그랬을까? 독일과 함께 제2차 세계대전을 일으켜 다른 나라의 많은 양민들을 학살했으면서도, 그것을 반성하기는커녕 오히려 원자폭탄 피해국으로서의 입장만 부각시키는 일본이 미웠던 때문이었을까? 정확한 이유는 알 길이 없지만, 일본에 의해 자행되었던 '아시안 홀로코스트 Asian Holocaust'의 직접적 피해국인 한국인 입장에서 생각할 때, 가슴 한편으로는 시원한 마음이 들면서도 또한 답답한 마음이 함께 드는 것은 어찌할 도리가 없다.

인간이 인간에 의해 대량학살 당하는 것은 정상적이지 않은 일이다. 창문에서 유리와 틀이 서로 뒤바뀐 것도 정상적이지 않은 디자인이다. 이 정상적이지 않은 일을 정상적이지 않은 디자인으로 풀어내, 추모시설 설계에 적용한 건축가의 역량에 박수를 보낸다. 그 때문에 박물관을 방문한 많은 사람들은 역사 앞에서 숙연한 마음을 갖게 되고, 다시는 그런 비극이 되풀이되지 않도록 노력해야 하겠다는 교훈을 얻게 되는 것이 아닐까!

16

일본무사의
투구 같은 건축

들꽃 몽우리들이 앞 다투어 피어오르던 화창한 봄날! 미동부 펜실베이니아주에 위치한 어느 아파트의 아담한 테라스에서, 오랜만에 찾아온 여유를 즐기며 느긋하게 커피 한잔을 마시다가 나는 갑자기 용수철처럼 자리에서 벌떡 일어났다. 그리고 주섬주섬 노트와 카메라를 챙겨 현관문을 박차고 꾸벅꾸벅 봄볕에 졸고 있는 자동차를 향해 달려갔다. 그때까지 읽고 있던 건축가 '프랭크 로이드 라이트 Frank Lloyd Wright, 1867~1959'의 작품집에서, 뜻밖에도 아주 가까운 곳에 그의 걸출한 설계작품이 존재한다는 사실을 처음으로 알았기 때문이다.

한인들이 많이 모여 사는 올드욕 거리 Old York Rode를 지나 북쪽으로 15분 정도 나아가니 엘킨스 파크 Elkins Park의 목가적인 동네 풍경이 나타나고, 그 도로 옆 나지막한 둔덕 위에 내가 찾던 건축물이 위풍당당한 모습으로 우뚝 서 있

베스 쇼롬 유대인 교회 전경 (펜실베이니아주 엘킨스 파크)

건축가 라이트(Wright)는 이 건축물을 "성서에서 모세가 십계명을 받았던 '빛나는 시내산(luminous Mount Sinai)'에서 영감을 받아 설계했다."고 한다. 이 글을 신문사에 투고한 후에 새로 알게 된 사실이다. 하지만 나는 아직도 일본 무사의 투구 디자인 같은 느낌이 든다.

베스 쇼롬 유대인 교회 내부 (펜실베이니아주 엘킨스 파크)

예배와 회의 기능을 합쳐 놓은 커뮤니티(community) 시설이다. 실내 예배당에는 좌석 수가 엄청나게 많다. 진입 복도 벽에는 단정한 양복에 중절모를 눌러쓴 라이트가 공사현장을 둘러보는 빛바랜 사진이 붙어 있다. 그리고 그 위로 그가 디자인한 독특한 삼각형 조명등이 사진을 비쳐주고 있었다.

었다. 바로 약 반 세기 전에 지어진 유대인 교회 '베스 쇼롬 시나고그 Beth Sholom Synagogue, 1959'이다. 콘크리트·스틸·알루미늄·유리를 복합적으로 사용해서 건립한 이 건축물은 주로 유대인들의 공동체 community 생활을 영위하기 위한 예배당과 집회 장소로 쓰이고 있다.

건축물 외형은 초록 잔디밭과 푸른 하늘을 배경으로 마치 일본 무사의 투구 같은 모양을 하고 있는데, 우선 벽체의 높이나 크기보다도 은색으로 빛나는 거대한 삼각뿔 지붕이 보는 사람의 시선을 압도한다. 그리고 투구 모양의 지붕 양 끝에는 콘크리트 구조물이 창끝처럼 뾰족하게 솟아오르고, 그 꼭대기를 향하여 고기비늘 같은 장식물들이 줄줄이 붙어 있다. 일본 나고야 名古屋의 건축박물관 마을 明治村에서 보았던 프랭크 로이드 라이트 설계의 제국호텔 Imperial Hotel, 1923 세부 장식들과 비슷한 느낌이다.

만약 이 건축물 외형이 정말 일본 무사의 투구 모양에서 영향을 받은 것이라면, 건축가는 무엇 때문에 미국 땅에 짓는 유대인 커뮤니티 community 시설을 그와 같이 디자인한 것일까! 다른 민족으로부터 유대인 공동체를 수호하기 위한 상징적 의미로 채용한 것일까, 아니면 그가 어려운 시절 많은 감동을 받았다던 일본 문화에 대한 단순한 동경 차원이었을까? 아무튼 인근에 거주하는 한인 동포들이 이 같은 유대인 집회시설을 매우 부러워하면서, 하루 빨리 우리도 어엿한 '한국회관 Korean Community Center'을 가지고 싶다며 열심히 건축 모금활동을 전개하던 생각이 떠오른다.

건축물 주위를 빙빙 돌며 외관 사진을 촬영한 후 정면 분수대에 들어가 물에 비친 풍경을 감상하노라니, 문득 건축물 내부가 어떻게 생겼는지 궁금해진다. 그러나 바깥에서 너무 많은 시간을 소비해 버린 탓에 그만 내부견학이 가능한 시간대를 놓쳐 버리고 말았다. 그대로 돌아서려니 특이한 외형 속에 숨겨진 실내공간이 더욱 보고 싶어져 아쉬운 마음을 잠재울 수가 없다. 그래서 다짜고짜 관리 사무실로 찾아가 사정을 이야기하니 다행스럽게도 청소를 하는 직원이 특별한 경우라며 친절하게 안내해 준다.

뒤쪽 진입통로로 발걸음을 옮기니 가장 먼저 중절모자를 눌러 쓰고 건축 현장을 지휘하는 프랭크 로이드 라이트의 흑백사진이 나를 맞아 준다. 그리고 그의 또 다른 건축작품들에서 많이 보았던 삼각형 디자인 전등갓들이 여기저기 눈에 들어온다. 작은 계단을 지나 예배실로 올라서니 지붕재료를 투과해서 내려오는 노란 빛들이 수많은 의자들 위로 찬란하게 부서져 내린다. 황홀한 느낌이다. 눈을 감으니 유대인들의 신을 찬미하는 목소리가 실내에 장중하게 울려 퍼지는 듯하다. '아! 우리 재미동포들에게도 이런 훌륭한 집회시설이 있다면 얼마나 좋을까!' 그러면 건축물을 통해, 눈물겨운 그들의 이민역사 속에서 받은 고통들을 조금이라도 어루만져 줄 수 있을 텐데 하는 생각이 들었다.

17

어머니의 집

예전부터 한번 가보고 싶은 집이 있었다. 바로 '어머니의 집'이다. 사랑하는 어머니를 위해 건축가인 아들이 정성스럽게 지은 단독주택……. 내가 이 집의 존재를 처음 알게 된 것은 지금으로부터 약 27년 전, 대학 건축학과 도서실에서 같은 제목으로 발간된 단행본의 책을 발견했을 때이다. 우선 제목에서 전공서적의 딱딱한 느낌이 나지 않아 마음이 끌렸고, 주택설계 하나를 단행본으로 펴냈다는 사실 때문에 관심을 가지게 되었다.

이 집은 미국의 건축가 '로버트 벤츄리 Robert Venturi, 1925~2018' 가 설계하여 1964년에 완공한 작품이다. 정식명칭은 '바나 벤츄리 하우스 Vanna Venturi House, 1964' 인데, 바나 벤츄리가 바로 로버트 벤츄리의 어머니이므로, 사람들은 굳이 집에다 어머니 이름을 갖다 붙일 것 없이 그냥 '어머니의 집 Mother's House' 이라고 편하게 부르

어머니의 집 전면 모습 (펜실베이니아주 체스넛힐)

'포스트 모더니즘 건축(Postmodern architecture)' 양식에서 가장 유명한 작품 중의 하나이다. 사진에서 필자가 서 있는 자리가 바로 '벤츄리의 어머니(Vanna Venturi)'가 즐겨 앉아 있던 곳이다. 필라델피아에는 벤츄리의 또 다른 건축작품, 즉 그의 설계기법 종합판으로 회자되는 노인공동주택 '길드하우스(Guild House, 1960~1963)'가 아직도 남아있다.

어머니의 집 후면 모습 (펜실베이니아주 체스넛힐)

벤츄리는 1925년 필라델피아에서 출생하여, 프린스턴대학에서 공부한 후 장학금을 받아 로마(Rome)에 거주하였으며, 유명 건축가인 '에로 사리넨(Eero Saarinen, 1910~1961)'과 '루이스 칸(Louis Isadore Kahn, 1901~1974)' 사무소에서 일한 바 있다. 수많은 건축물을 설계한 건축가이기도 하지만, 큰 명성을 얻게 된 것은 강연과 책을 통해 소개한 혁신적이고 체계적인 건축이론들 때문이었다. 프린스턴대학에 있는 그의 설계작품 '고든 우 홀(Gordon Wu Hall, 1983)'에서 본 부드러운 벽돌 빛깔이 아직도 눈에 아른거린다.

고 있다. 로버트 벤츄리는 1925년 필라델피아 Philadelphia에서 태어나 근처의 프린스턴대학 Princeton University을 졸업하고, 펜실베이니아대학 University of Pennsylvania과 예일대학 Yale University에서 교수생활을 하였다. 그리고 1991년에는 '건축의 노벨상'이라 불리는 '프리츠커상 The Pritzker Architecture Prize'을 수상했으며, 현대건축에서 중요한 위치를 차지하는 다수의 건축이론들을 만들어 낸 저명한 건축학자이다.

2층 어머니의 침실 풍경 (펜실베이니아주 체스넛힐)
햇볕이 따뜻하게 들어오는 어머니의 침실. 활처럼 굽어 반달모형을 이룬 창문이 멋스럽다. 목재책상 위엔 빛바랜 흑백사진 몇 점이 놓여 있는데, 아마도 벤츄리 부모님과 어릴 적 벤츄리 모습이 아닐까 생각된다.

봄볕이 따사로운 어느 날, 필라델피아 외곽에 위치한 어머니의 집을 홀로 찾아가면서 나는 걱정부터 앞섰다. 1960년대 초에 지어진 이 집이 아직까지도 건재할까! 사는 사람이 없어 풀숲에 방치되어 있다거나, 행여 필요 없다고 생각되어 부숴 버린 것은 아닐까! 더욱이 건축가의 명성이 세상에 알려지기 이전에 지은, 그의 첫 주택작품이라던데……. 이렇게 두근거리는 마음으로 사람들에게 길을 물어 찾아간 곳은 19세기와 20세기에 건립된 주택들이 밀집해 있는 '체스넛힐 Chestnut Hill'이라는 조그마한 동네였다.

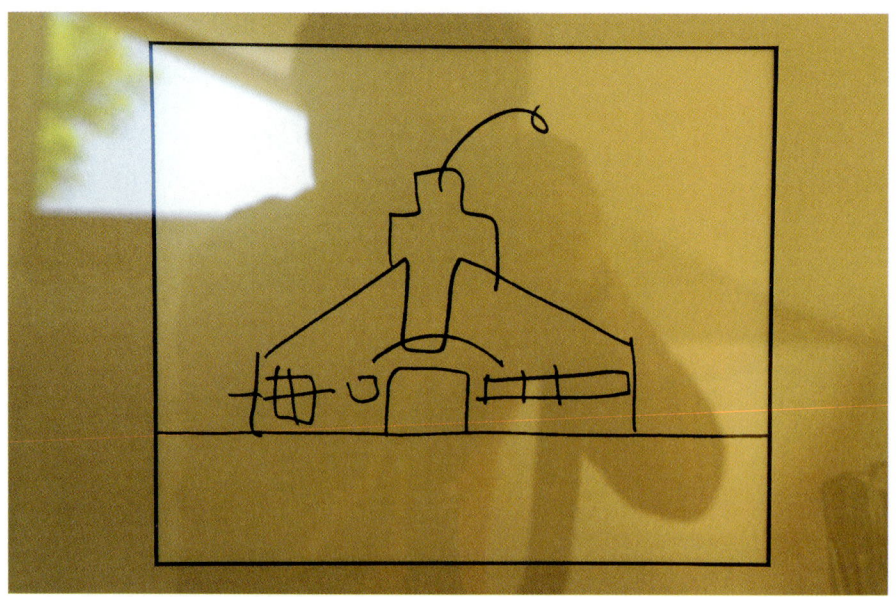

어머니의 집 설계 밑그림 (펜실베이니아주 체스넛힐)
우리 딸아이가 어릴 적에 그리던 집 모양과 흡사해서 놀랐다. 단순하고 천진난만한 그림이다. 하지만 종래의 근대건축 디자인 스타일을 과감하게 깨어버린, 이런 형태가 나오기까지 벤츄리는 얼마나 많은 고심을 하였을까! 단순한 것이 좋은 설계이다.

자동차길에서 샛길로 접어든 후 약 20여 미터를 걸어 들어가니 어머니의 집이 보였다. 생각했던 것보다는 크지 않은 모습으로, 오전 햇살을 받아 밝게 빛나는 신록 속에 얼굴을 살짝 숨기고 있었다. 아! 드디어 이렇게 만나보다니……. 실로 감개무량한 순간이었다. 주위에 조성된 잔디밭을 한 바퀴 빙 돌며 사진촬영을 하노라니 주인으로 보이는 젊은 아주머니 한 분이 다가왔다. 처음에는 개인주택에 무단으로 들어온 것에 대해 화를 내는 표정이었으나, 나의 신분과 답사를 하게 된 경위를 설명하니 흔쾌히 내부까지 보여주시겠다고 했다.

집 안은 건축가 어머니가 살던 시절 그대로 잘 정돈되어 있었다. 1층에는 현관 쪽으로 창을 낸 부엌과 커다란 책장이 설치된 거실이, 2층에는 어머니의 침대와 책상이 갖추어진 침실이 위치하고 있었다. 어느 공간이나 빛이 환하게 잘 들어와서 매우 포근한 느낌이 들었다. 벽면 한편에는 이 집을 설계할 때 밑그림이 된 벤츄리의 스케치 한 점이 놓여 있었다. 마치 어린아이가 그린 것 같은 천연덕스러운 작품이었다. 자연스럽게 어머니 앞에서 그림을 그려 자랑스럽게 보여 주는 한 아이의 해맑은 미소가 떠올랐다.

어머니는 누구에게나 마음의 고향 같은 존재이다. 세상을 살아나가다가 시련에 부딪혔을 때 문득 생각나는 그리운 대상이기도 하다. 어쩌면 우리들에게 있어서는 세상에서 가장 소중한 존재일는지도 모른다. 그런 분을 위해 스스로 집 한 채 지어드릴 수 있다는 것은 얼마나 다행스럽고 아름다운 일인가! 그러나 이 세상 대부분의 자식들은 그렇게 하지 못한다. 마음은 있으되 실제의 행동으로 옮기지 못하는 것이다. 그런 의미에서 벤츄리는 위대한 사람이다. 건축가가 되어 가장 먼저 한 일 중의 하나가 바로 자기 어머니를 위한 집짓기였으니 말이다.

18

대통령의 집

파란 하늘을 향한 나뭇가지 위로 신록이 무성하게 내려앉은 버지니아주의 어느 숲 속, 한 낮의 태양이 이곳을 방문하는 보통 사람들의 그림자 키를 한껏 낮추어 버리는 시간. 나는 지금 일찍이 이 세상에 살다간 어느 걸출한 건축가의 묘비 앞에 서 있다. 그가 살아있을 때 직접 설계했다는 묘비에는 다음과 같은 내용이 적혀 있다.

"미국 독립선언문의 기초자, 버지니아 종교자유법의 작성자, 버지니아대학교의 아버지 토머스 제퍼슨 여기에 잠들다(HERE WAS BURIED THOMAS JEFFERSON, AUTHOR OF THE DECLARATION OF AMERICAN INDEPENDENCE, OF THE STATUTE OF VIRGINIA FOR RELIGIOUS FREEDOM AND FATHER OF THE UNIVERSITY OF VIRGINIA)."

연못 수면에 반사된 몬티첼로 (버지니아주 샬러츠빌)

제퍼슨이 말년에 낚시를 즐겼다는 조그만 연못. 수면 위로 그의 보금자리 풍경이 한가득 담겨 있다. 문득 장애인 가수 '이용복(1952~)'이 1970년대 외국 곡(Playground In My Mind)을 번안해 부른 '어린 시절'이란 노래의 한 부분이 생각난다. "진달래 먹고, 물장구 치고, 다람쥐 쫓던 어린 시절에……." 한 무리의 관람객들이 단체사진을 촬영하고 있다. 사진을 찍는다는 것은 장소를 기억하려는 행위이다. 그러므로 이런 사진을 찍을 때는 인물보다는 배경에 더 집중해서 앵글을 잡아야 한다.

'토머스 제퍼슨 Thomas Jefferson, 1743~1826', 그가 누구인가? 다름 아닌 미국의 제3대 대통령 1801~1809 재임이다. 그것도 묘비명에 일부 새겨져 있는 것처럼 미국 독립선언문의 기초를 마련하고, 종교의 자유를 위해 노력했으며, 달러를 단위로 하는 통화제도를 입안하고, 미국의 영토를 배로 늘어나게 하는 등 엄청난 업적을 쌓은 대통령이다. 그런 그가 미리 작성해 둔 자신의 묘비명에는 '대통령'이란 글자를

푸른 초원 위의 몬티첼로 (버지니아주 샬러츠빌)

일 년만, 단 일 년만이라도, 넓고 푸른 잔디밭이 있고, 꽃들이 여기저기에 피어 있고, 꿀벌들과 나비들이 날아다니고, 그리고 푸른 하늘에 흰 구름이 떠도는, 그런 집에서 사랑하는 가족들과 함께 지낼 수 있다면 얼마나 행복할까! 몬티첼로는 바로 그런 제퍼슨의 꿈이 이루어진 집이다.

몬티첼로 북쪽 날개 건물 풍경 (버지니아주 샬러츠빌)
노예들의 주거와 식당을 비롯하여 객실·도서관·마구간·부엌·훈제실 등의 부속시설이 위치하며, 한쪽 끝에서는 버지니아 대학의 상징인 '로툰다(The Rotonda, 1826)' 건축물이 보이도록 설계되어 있다. 워싱턴 DC에 위치한 '백악관(The White House, 1792~1800)' 남쪽 발코니에서 '제퍼슨 기념관(Thomas Jefferson Memorial, 1938~1943)'이 바라다 보이는 것도 같은 맥락의 디자인이다.

토머스 제퍼슨의 묘지명 (버지니아주 샬러츠빌)
제퍼슨과 마찬가지로, 근대 건축의 거장(巨匠) 중 한 사람이었던 '르 코르뷔지에(Le Corbusier, 1887~1965)'도 죽기 전에 자기 묘지를 설계해 두었다. 소박하지만 색채감 있는 모양으로, 지중해 풍경이 한 눈에 내려다보이는 곳에 위치하고 있다. 이렇듯 건축가들은 자기 묘지까지 설계해 두는 경우가 적지 않은 듯하다.

단 한 번도 넣지 않았다. 왜 그랬을까? 정쟁政爭으로 고달팠던 대통령 시절을 사후 안식의 장소에서까지 다시 떠올리기 싫었던 때문일까, 아니면 함께 묻힌 가족들 앞에서 굳이 대통령이었다는 점을 내세울 필요가 없었기 때문이었을까!

사실 제퍼슨은 철학·언어학·자연과학·건축학·농학 등에 능했던 전형적인 '르네상스형 천재'였다. 특히 건축 분야에 있어서는 발군의 역량을 발휘했는데, 그의 사저私邸 '몬티첼로 Monticello, 1805'와 함께 1987년 유네스코 UNESCO 세계문화유산으로 지정된 '버지니아대학교 University of Virginia, 1819'의 각종 건축물 군群을 비롯하여, 후에 워싱턴 의사당과 백악관 디자인의 모델이 되기도 한 '버지니아 주 의사당 Virginia State Capitol, 1785' 등 많은 기념비적인 건축물들을 설계했다. 그는 대통령이기 이전에 한 사람의 유능한 건축가였던 것이다.

제퍼슨의 묘지에서 언덕 위쪽으로 난 오솔길을 따라 조금 걸어 올라가면, 넓은 잔디밭이 펼쳐지고 그 끝자락에 저 유명한 몬티첼로가 우아한 모습으로 서 있다. 6개의 기둥, 삼각형의 박공, 반원형의 창, 그리고 8각형의 돔……. 어디선가 많이 보았던 건축물이다. 그렇다! 미국의 5센트짜리 동전 1938~2003 주조과 2달러짜리 지폐 1928~1966 발행에 박혀 있는 도안이다. 몬티첼로란 이탈리아어로 '작은 산'이란 뜻인데, 제퍼슨의 주택과 묘지가 위치한 버지니아주 Virginia 샬러츠빌 Charlottesville의 야산이 그에 딱 어울리는 풍경을 하고 있다.

몬티첼로는 중앙에 본채 건물을 두고 그 양쪽으로 'L자'형 날개 건물을 길게 달아, 식당·객실·도서관·마구간·부엌·훈제실 등과 같은 여러 가지 부속시설을 배치하였다. 이 날개 건물은 본채의 지하공간과 연결되어 있어 눈비가 내리는 날에도 편리하게 왕래가 가능했으며, 넓은 정원을 관리하는 데도 매우 효과적으로 사용되었다. 한 때 수많은 노예들이 거주하고 있었다는 남쪽 날개 건물로 들어서니 의외로 실내 분위기가 밝았다. 본채에서 보면 바닥 아래 지하공간에 해당될 테지만, 대지의 경사 차이를 이용하여 낮은 바깥쪽이 일층이 되도록 설계한 때문이다.

그리고 북쪽 날개 건물 끝에서는 수목들 사이로 버지니아 대학의 상징인 '로툰다 The Rotunda, 1826'가 바라다 보인다. 후세 교육에 많은 열정을 쏟아 그 당시 미국에서 최고의 대학 캠퍼스를 설계하고 건립했으며, 또 교과과정 형성에도 적

극적으로 참여했던 교육가 제퍼슨. 아마도 그에게 있어 버지니아대학은 몬티첼로만큼이나 소중한 존재였으리라! 그런 그답게 생애 마지막 시점까지도 대학의 많은 교수들과 학생들을 몬티첼로로 초청하여 지적대화를 나누는 것을 즐겼다고 한다. 그러고 보면 '군자삼락 君子三樂' 중에서 '천하의 영재를 얻어서 교육하는 즐거움 得天下英才 而敎育之 三樂也'이란 동서양이 다 같은 마음인 듯하다.

대학교수와 건축가란 직업에 어울리는 삶을 살고 싶어 하는 내게 있어, 제퍼슨이 가진 재능과 일생의 성과는 참 부러운 것이 아닐 수 없다. 오늘 이 소박하고 투박한 그의 묘석을 한참이나 물끄러미 바라보면서, 생전과 사후의 자기 집을 설계하고, 대학을 설계하고, 나아가 국가를 설계했던 한 위대했던 건축가의 재능과 철학에 경의를 표한다. 그에게 있어서는 대통령 자리도 결국 건축가로서의 많은 활동영역 가운데 하나에 지나지 않았으리라는 생각을 해본다. 그렇다! 건축가는 대통령직을 뛰어넘는 직업인지도 모른다. 누군가 꽂아놓은 묘비 앞의 성조기가 바람에 펄럭거린다. 이제 떠날 시간이 된 것이다. 버지니아대학으로 가봐야겠다. 그곳에선 또 어떤 제퍼슨의 건축물들이 나를 반겨줄 것인가?

19

세계문화유산 캠퍼스

나는 지금 미국에서 몇 개 안되는 유네스코 UNESCO 세계문화유산 중의 하나인 '버지니아대학교 University of Verginia, 1819'의 고즈넉한 오후 풍경을 바라보고 있다. 연둣빛 잔디와 초록빛 수목들 사이로 질서정연하게 배치된 각종 건축물들, 그리고 주황색 벽체를 수직 또는 수평으로 가르며 지나는 새하얀 부재선 部材線들이 참으로 맛깔스럽고 세련된 느낌을 준다. 붉은색 벽체와 하얀 기둥 그리고 반원형 창문에서는 오전에 접했던 미국의 제3대 대통령 '토머스 제퍼슨 Thomas Jefferson, 1743~1826'의 사저 私邸 '몬티첼로 Monticello, 1805'의 디자인 느낌이 그대로 묻어나고 있다.

여기저기 산재된 수많은 건축물 가운데 어느 곳으로 들어가든지, 창문을 통해 들어오는 찬란한 '빛의 유희 遊戲'가 나를 즐겁게 한다. 오월의 맑은 햇빛이 나

브라이언홀과 원형극장 풍경 (버지니아주 샬러츠빌 버지니아대학)
'브라이언홀(Bryan Hall, 1995)'은 국어국문학과가 들어 있는 곳으로 '미첼 그래이브스(Michael Graves, 1934~2015)'가 설계했고, '원형극장(The McIntire Theatre 혹은 McIntire Amphitheatre, 1921)'은 집회나 음악회가 열리는 곳으로 '피스크 킴벨(Fiske Kimball, 1888~1955)'이 디자인했다.

란하게 줄지어 선 아치형 벽창壁窓들과 천장 높은 곳의 둥그런 천창天窓으로부터 한 가득씩 안으로 쏟아져 들어와, 이 어두컴컴한 내부 공간의 중후한 집기什器들에게 신선한 생명력을 불어넣고 있다. 역시 "건축은 빛의 예술이다"라는 경구를 다시 한 번 되새겨 보는 순간이다. 버지니아대학의 오랜 상징물인 '로툰다The Rotunda, 1826' 건물 양쪽으로 길게 늘어선 여러 동棟의 기숙사 '더 론The Lawn, 1817' 건물들은 지금 보수공사가 한창 진행 중이다. 약 200년간에 걸친 긴 세월 동안 얼마나 많은 학생들이 이곳을 스쳐갔을까! 방 출입구마다 문턱들이 반질반질 닳은 채로 둥글게 파여 있다. 그렇다! 문틀 하나에도 마룻널 하나에도 수많은 청춘들의 꿈과 열정이 배여 있을 것이다.

로툰다 정면 풍경 (버지니아주 샬러츠빌 버지니아대학)

제퍼슨은 그리스 및 로마 건축 스타일을 매우 좋아했는데, 이는 그가 일생 동안 설계한 많은 건축물에서 중요한 디자인 어휘로 채택된다. 로툰다 돔의 원형을 그대로 연장시키면 기단 아래쪽과 접선을 이루게 된다. 즉 지면 위에 동그라미 하나가 달랑 놓이는 형국이다.

다든 비즈니스 스쿨 풍경 (버지니아주 샬러츠빌 버지니아대학)
다든 비즈니스 스쿨 한 편에는 건축 설계도를 손에 든 제퍼슨 동상이 있는데, 이 사진은 그 앞에 놓인 원형 수반(水盤) 바로 위에서 촬영한 것이다. 사진을 찍을 때 주위의 지형지물을 적절히 활용하면 생각지도 않은 멋진 작품이 연출되곤 한다.

다든 비즈니스 스쿨 중앙홀 창문 풍경 (버지니아주 샬러츠빌 버지니아대학)
다든 비즈니스 스쿨은 3대 총장이었던 '콜게이트 다든(Colgate Whitehead Darden, 1897~1981)'의 이름을 따서 붙인 것이다. 포스트 모더니즘 건축가인 '로버트 에이엠 스턴(Robert A. M. Stern, 1939~)'이 제퍼슨 건축을 재생하는 방법으로 설계했다.

경영대학원 MBA: Master of Business Administration 으로 유명한 '다든 비즈니스 스쿨 Darden School of Business, 1954' 쪽으로 발걸음을 옮겼다. 건축물의 전체적인 디자인 어휘는 로툰다와 기숙사가 가지고 있는 그것들과 비슷했으나, 건축연대가 늦어서 그런지 훨씬 더 깨끗하고 정갈한 느낌이 들었다. 중앙의 십자형 평면 건축물로 들어서니 입구에 멋진 팔각형 홀이 나타나고, 그 위의 돔 천창으로부터는 한 줄기 밝은 햇빛이 아래로 떨어져 내린다. 환상적이다. 마치 로마 Roma '판테온 Pantheon, 126' 건축의 천창에서 내려 꽂히는 신비로운 광선을 보는 듯하다.

버지니아대학을 설계한 건축가이며 또 대통령이기도 했던 제퍼슨은 그리스의 '파르테논 Parthenon, BC 438'이나 로마의 판테온 같은 신전 건축물들을 본떠서 설계하는 것을 즐겼다고 한다. 그래서 그런지 그의 설계작품들에선 신전건축에서 흔히 볼 수 있는 줄기둥·아치창·삼각박공·돔·천창 등이 자주 발견되는 특징이 있다. 그리고 건축물 정면부 facade를 바라보면 뭔가 모르게 정직하고 조화로운 비례감이 느껴지기도 한다. 오늘날 다든 비즈니스 스쿨 남서쪽 끝에는 청동으로 만든 그의 동상 Statue of Mr. Jefferson, 2007이 실물 크기로 세워져 있다. 측량기계 옆에서 양손으로 도면을 펼치고 묵묵히 앞을 응시하는 그의 표정으로부터 알 수 없는 따뜻함이 전해져 온다. 아마도 학생들을 사랑하는 그의 마음이 그대로 얼굴에 나타나 있는 까닭이리라.

제퍼슨의 가슴을 등지고 고개를 들어 좌우에 날개처럼 뻗어 있는 다든 비즈니스 스쿨의 건축물 군群을 무심히 바라다본다. 하얀색 기둥들이 주황색 벽체 사이를 수직으로 분절하며 지나고 지붕에는 붉은 기와들이 얹혀져, 장엄하면서도 아름답고 또 친근하면서도 걷고 싶은 공간들이 연출되고 있다. 그의 동상 바로 앞에 마련된 둥근 검은 돌 수반水盤에는 맑은 물이 쉴 새 없이 가득 채워져, 흐린 하늘과 초록 나무 그리고 주변의 건축물 풍경들을 고스란히 담아내고 있다. 수면 가까이로 눈을 가져가니 갑자기 '물아일체物我一體의 세계'가 확 펼쳐진다. 아, 어쩌면 좋으냐! 이 환상적인 풍경을……. 오, 신이시여, 건축물을 이렇게 아름답게 만들어도 되는 것입니까? 버지니아대학이 왜 세계유산으로 지정되었는지 그 이유가 알만하다.

20

주차장도 멋진 대학

아침에 일어나 뜰로 나가니 화창한 초여름 날씨가 나를 반겨주고, 문 앞에서 꾸벅꾸벅 졸고 있던 청설모 두 마리가 인기척에 놀라 후루룩 달아난다. 오늘 같은 날은 어디 가서 좋은 건축물 사진이나 실컷 찍었으면 좋겠다고 생각하다가, 문득 예전에 방문했던 프린스턴대학 Princeton University의 아름다운 건축물 모습들을 떠올렸다. 마침 토요일이라 느지막이 일어나 한가롭게 시간을 보내고 있던 가족들을 재촉해서 부랴부랴 자동차에 올랐다. 약 한 시간 남짓해 도착한 프린스턴대학은 예상대로 여기저기에 멋진 건축물들이 늘어서 있고, 그 지붕과 벽체마다에 찬란한 빛의 세례가 한창 쏟아져 내리고 있는 중이다.

평소 학생들과 함께 건축공부를 하면서 참으로 부럽게 생각되는 대학들이 있었는데, 그것은 학생 수가 많은 곳도 아니고 학문 수준이 월등하게 뛰어난 곳도

프린스턴대학 북쪽 주차장(North Garage) 전경 (뉴저지주 프린스턴대학)
이 주차장을 찾기 위해 자동차로 주변 도로를 몇 번이나 오가야만 했다. 마침 푸른 하늘에서 맑은 햇빛이 내려와, 철골 격자망과 벽돌 벽체를 한층 더 아름답게 빛내 주고 있다.

프린스턴대학 북쪽 주차장(North Garage) 청동제 격자망 (뉴저지주 프린스턴대학)
건축물 바깥쪽으로 휜 철골 격자망 구조가 마치 중세시대의 왕관 디자인 끝처럼 보인다. 금속디자인(metal design)을 좋아하는 사람들은 한번 가볼만한 가치가 있는 건축물이다.

아닌, 바로 개성 넘치는 건축물들이 캠퍼스에 가득 들어찬 그런 곳들이었다. 무릇 대학이란 젊은이들이 꿈을 키워가는 장소라고 할 수 있다. 미래의 자신과 가정과 사회를 아름답게 만들어 줄 소중한 꿈……. 그러므로 그것을 담아내는 공간은 절대적으로 아름다워야 할 필요성을 지닌다. 아름다운 꿈은 아름다운 그릇에서 더 잘 자라기 때문이다.

프린스턴대학은 바로 그런 조건에 부합되는 장소라고 생각된다. 그것을 증명이라도 하듯 최근 이 대학 출판사에서는 의미 있는 책 한 권이 발간되었다. 바로 1960년부터 지금까지 대학 내에 건립된 유명 건축물들을 모아서 사진으로

프린스턴대학 북쪽 주차장(North Garage) 차량 출입구 (뉴저지주 프린스턴대학)
아이비리그 대학에 위치한 주차장이라서 그런가! 담쟁이 넝쿨들이 벽체를 휘감아 올라가고 있다. 가을이 오면 울긋불긋한 담쟁이들과 주황색 벽돌 벽체들이 참 잘 어울릴 듯하다.

담아 놓은 건축물 안내 책 Princeton Modern - Highlights of Campus Architecture from the 1960s to the Present, 2010이다. 책장을 넘기다 보면 이름만 들어도 금방 알 수 있는 저명한 건축가들의 독특한 설계작품들이 대거 등장한다. 근대건축과 현대건축을 골고루 망라해 놓은 프린스턴대학 캠퍼스는 과히 '건축박물관'이라고 불러도 손색이 없을 듯하다.

한나절 동안 열심히 카메라 셔터를 누르느라 손가락 인대가 얼얼해진 것도 모르고, 마지막으로 힘을 다해 달려간 곳은 프린스턴대학의 북쪽에 위치한 '주차장 North Garage, 1992'이다. 붉은 벽돌로 쌓아올린 5층 높이의 건축물 외부에 청동제

프린스턴대학 북쪽 주차장(North Garage) 주차공간 (뉴저지주 프린스턴대학)
그저 벽돌을 쌓아올린 단순한 디자인인데도 뭔가 모를 아름다움이 전해져 온다. 아마도 분절과 반복 디자인이 주는 묘미일 것이다. 그러고 보면 비싸게 지었다고 다 좋은 건축물이 되는 것은 아니다. 중요한 것은 그 건축재료만의 특성을 꿰뚫고 얼마나 세련되게 승화시키느냐는 것이다.

격자망을 두르고, 그 사이를 회랑으로 조성한 아주 독특한 디자인의 건축물이다. 하늘을 향해 시원스럽게 뻗어 있는 격자망 끝이 바깥쪽으로 살짝 굽어져, 중세시대 어느 왕이 쓰던 왕관의 한 부분을 연상하게 한다. 그리고 붉은 벽체 위에 지그재그의 격자망 그림자가 실시간으로 비쳐서, 마치 자연이 구현해 놓은 한 폭의 멋들어진 '구성 composition' 작품처럼 보인다.

자동차 출입구 부근에는 싱싱한 담쟁이 넝쿨들이 벽면을 타고 올라가 식생植生과 일체가 된 멋진 건축물 모습을 탄생시켜 놓았다. 거친 콘크리트로 빚어낸 소박한 계단을 따라 위층으로 올라가니 투박한 청동제 난간들이 정겹게 맞아주고, 벽돌의 사각 구멍들 사이로 유월 햇살들이 쏟아져 들어와 눈부시게 빛나고 있다. 문득 아련하고 아득한 느낌이 온 몸을 휘감아 어릴 적 즐겨 읽던 동화 속 '미로迷路의 세계'로 마음을 이끌고 간다. 프린스턴대학의 다른 건축물들도 느낌이 매우 좋았지만, 특별히 이 주차장에서는 뭔가 모를 독특한 공간적 미학이 감돌아, 떠나려는 나의 발길을 붙잡고 있다. 주차장도 멋진 대학 프린스턴……. 언젠가 다시 한 번 더 방문하고 싶은 곳이다.

21

가슴이 뛰는 건축

보는 순간 바로 가슴이 뛰는 건축물이 있다. 학생 때만큼 큰 감동을 느끼지는 못하지만 그래도 마주하면 가슴이 벅차오르는 그런 건축물이 있다. 내가 오랫동안 건축사진 촬영을 즐길 수 있는 것은 아마 멋진 건축물들과 조우하는 기쁨이 생각보다 크기 때문일 것이다. 프린스턴대학 Princeton University 을 견학하기 위해 캠퍼스 지도를 펼친 순간, 다른 무엇들보다도 첫 눈에 들어오는 건축물이 하나 있었다. '이스트 파인 홀 East Pyne Hall, 1897', 1897년에 완성된 것으로서 역사가 자그마치 100년이 훨씬 넘었다.

건축물 앞으로 다가서니 아치형 출입구를 통해 건물 안쪽이 훤히 들여다보인다. 내가 특히 좋아하는 'ㅁ자' 안마당 courtyard 을 가졌다. 육중한 석재로 쌓아올린 고딕형식의 담벼락이 사방에 병풍처럼 둘러쳐져 있고, 그 한가운데에 위치

프린스턴대학 이스트 파인 홀(East Pyne Hall) 출입구 (뉴저지주 프린스턴대학)

내가 프린스턴대학 내에서 제일 좋아하는 건축물이다. 고풍스러운 고딕양식으로 지어진 이 건물에는 어문계열 학과가 위치하는데, 1897년 '윌리암 애플톤(William Appleton Potter, 1842~1909)'이 캠퍼스 내의 다른 건축물들과 함께 설계해 완성된 것이다.

프린스턴대학 이스트 파인 홀(East Pyne Hall) 통행로 (뉴저지주 프린스턴대학)

드디어 늘씬한 여학생 두 명이 중정 마당을 가로질러 이쪽으로 걸어오고 있다. 어두컴컴한 아치형 출입문 안에서 오랫동안 카메라를 부여잡고 적당한 피사체가 나타나길 기다린 끝에 얻은 결과물이다.

프린스턴대학 이스트 파인 홀(East Pyne Hall) 안마당 (뉴저지주 프린스턴대학)
빛과 그림자가 만들어내는 아름다운 조화. 마치 항아리 속에 들어온 것 같은 느낌이다. 건축물 색깔이 커피색이고 마당 색깔은 식빵색이다. 그러고 보니 배가 고프다. 한 잔의 따뜻한 커피와 한 조각의 잘 익은 빵이 있다면 행복하겠다.

한 마당은 베이지색 박석만이 깔린 채 텅 비어 있는 상태이다. 그래, 이 텅 비어 있는 맛이 나는 참 좋다. 허허 벌판처럼 너무 휑하지도 않고, 구석 골방처럼 너무 답답하지도 않은, 아담한 크기의 아늑하고 안정된 공간……. 그 중앙에 서면 모든 것이 나를 향해 또 나를 위해 존재한다는 느낌을 갖게 된다. 인간이 중심인 공간, 인간을 위해 존재하는 건축을 느끼게 되는 것이다.

이런 건축물들은 대개 나이가 들수록 더 우아해지는 특징이 있다. 세월 속에서 적당히 부드러워진 돌바닥, 잘 익은 빵 거죽 같은 갈색 벽체, 나무젓가락을 세

프린스턴대학 이스트 파인 홀(East Pyne Hall) 지붕선 (뉴저지주 프린스턴대학)
바닥은 사각형인데 하늘은 꼭 그렇지만도 않다. 뾰족뾰족 첨탑들이 솟아올라 마치 성채 같은 느낌을 준다. 저 액자 속 같은 하늘 안으로 비행기 한 대만 날아가 준다면 사진작품으로서는 금상첨화일텐데…….

위놓은 듯한 날렵한 창살, 은색으로 눈부시게 빛나는 판석 지붕……. 그리고 그 위를 올려다보면 아! 짙푸른 하늘, 지금 거기로부터 한 줄기 양광이 안마당으로 부서져 내린다. 마치 건물의 심장으로 생명수가 쏟아지는 듯, 맑은 햇살 한 움큼이 안마당에 뿌려져 신비로운 그림자를 새겨놓는다. 사람들은 무심결에 그 위를 스쳐 지나가고 그 뒤로 바람 한줄기가 뒤따라간다. 둥그런 하늘과 네모난 땅, 그리고 그 사이를 걷는 인간……. '원방각 圓方角, 천지인 天地人', 그것들이 합일 合一 하는 성스러운 순간이다.

그늘에 놓인 벤치에 앉아 알 수 없는 행복감에 젖어든다. 건축물과 대면함으로써 느끼게 되는 짜릿한 풍요로움이다. 품속에서 작은 노트를 꺼내어 흘러가는 사람들을 단선으로 빠르게 스케치해 본다. 움직이는 사람들의 여윈 골격을 따라 시간이 빠르게 흘러가고 있다. 아! 이럴 때 커피 한 잔을 마실 수 있다면……. 그러고 보니 건축물 전체가 커피색이다. 건축과 햇빛과 커피가 있는 풍경, 내가 진정으로 좋아하는 분위기이다. 여기에 잔잔한 음악 한 자락이 더해질 수 있다면, 나는 아마 이 세상에서 부러울 것이 하나도 없을 듯하다.

22 도시를 향해 외치다

요즘 우리나라 뉴스를 접하노라면 마음이 몹시 슬퍼진다. 청소년들이 같은 또래의 친구를 잔혹하게 괴롭히거나 심지어 죽이기까지 하는 일이 빈번하게 보도되고 있기 때문이다. 일주일이 멀다 않고 터져 나오는 이런 소식들은 자녀를 키우는 부모의 가슴을 정말이지 암울하고 막막하게 만든다. 더욱이 범죄를 저질러놓고도 아무런 죄의식을 느끼지 못하는 청소년들과 그런 와중에도 제 자식 감싸기에만 바쁜 해당 부모들을 보면서, 도대체 우리 사회가 왜 이렇게도 인성이 메마르고 중한 병에 걸려야 했는지 새삼스럽게 되돌아보지 않을 수 없다.

각 분야의 전문가들마다 원인을 수도 없이 쏟아내고 있지만, 어느 것 하나 콕 집어서 지적할 수 없는 총체적인 사회문제가 아닐까 생각한다. 그 가운데 아마 우리가 사는 도시와 건축 환경도 청소년들의 인격 형성에 적지 않은 영향을 미치고

도시를 향해 뭔가를 주장하는 듯한 소년 동상 (펜실베이니아주 필라델피아 시청 앞)
어느 건물의 주차장을 안내하는 소년 모습의 동상이다. 도시의 마천루를 배경으로 뒤에서 촬영하니 '이야기 (storytelling)가 있는' 사진작품이 되었다. 원래는 컬러로 촬영한 것인데 이야기 전개를 위해 흑백으로 처리했다. 단순한 것에 오히려 많은 이야기가 담길 수 있기 때문이다. 그리고 인물사진을 촬영할 적에, 초보는 앞에 있는 사람만 보고, 중급은 뒤의 배경까지를 보고, 고수는 위의 하늘(빛의 방향)까지를 본다.

있을 것이다. 꽃 한 포기, 토기 한 마리 기를 수 없이 다닥다닥 붙어 있는 콘크리트 공간 속에서, 아이들이 어떻게 살아 있는 생명체의 존귀함을 배우며 자랄 수 있단 말인가. 마을 공동체가 붕괴되어 이웃 어른의 꾸지람이 완전히 사라지고, 오직 내 자식만 귀해서 누구의 간섭도 달갑지 않은 그런 세상에서, 아이들이 어떻게 남에 대한 배려를 익히며 성장할 수 있단 말인가?

오늘날의 도시에는 이웃들과 교류할 수 있는 공간적 틈들이 소멸되고, 현대의 주택에는 자연과 소통할 수 있는 여백들이 존재하지 않는다. 그저 탐욕스럽게 상업적 이윤만을 추구해 상자더미 같은 주택을 빼곡하게 쌓아놓고, 우리 스스로 거기에 들어가 맞춰 살기를 강요당하고 있을 뿐이다. 점차 조금씩 나아지고는 있으나, 우리 사회는 아직도 사람이 사는 주거시설을 물건을 두는 창고시설처럼 지어 놓은 후, 비싼 광고비를 들여 적당히 소비자를 현혹시키는 작태가 매우 흔하게 되풀이 되고 있다.

주거유형의 태반을 차지하는 아파트를 살펴보아도, 고층건물 한 가운데 덩그러니 사각형으로 만들어 놓은 어린이 놀이터는 그저 장식적 설치물에 불과하고, 휠체어 하나 제대로 통과하기 힘든 노인 경로당은 건축법적 구색 맞추기에만 급급한 인상이다. 이용하는 사람들의 편리성과 심리성을 진정으로 고려해서, 실제 사용이 활발하게 이루어질 수 있도록 설치한 경우를 좀처럼 찾아보기가 힘들다. 또한 종래 전통마을에서 가지고 있던 이웃 공동체 개념을 새로운 도시주거에서 어떻게 이어나갈 수 있을까에 대한 진지한 고민의 흔적이 보이지 않는다. 그 결과 주민들이 교류할 수 있는 집회실 하나 제대로 갖춘 곳이 드물어, 그저 무슨 일이 생기면 주차장에 엉성하게 모여 팔짱을 끼고 대책을 논의해야 하는 형편에 처해 있다.

젊은이가 미래의 꿈을 키워나갈 수 있는 도시환경 (펜실베이니아주 필라델피아 미술관)
미술관 기둥마다 조금씩 다르게 반사되는 빛깔이 너무 고와서 한참이나 카메라를 대고 기다린 결과 이 청년이 나타났다. 구리빛 얼굴과 주황색 기둥들이 참 잘 어울린다. 청년이 나를 보고 싱긋 웃음을 날린다.

나는 도시를 향해 외치고 싶다. '사람은 물건이 아니며, 도시는 창고가 아니다. 사람이 사는 곳은 공간적으로 또 심리적으로 여유가 있어야 하며, 정서함양과 인격형성을 위해 감동할 수 있을 만큼의 아름다운 환경을 필요로 한다. 주택은 가족의 삶을 디자인 하는 곳이며, 도시는 그런 가족들이 모여서 교류하며 꿈을 만들어가는 곳이다.' 근래에 발생한 몇몇 청소년 관련 범죄사건은 콩나물시루 같이 열악한 도시환경 속에서 고독하게 자란 아이들이 우울하게 그려낸 자화상 같은 느낌을 준다. 그런 의미에서 도시와 건축 설계자들이 사회적 물질주의에 편승해 더 이상 아름다운 환경 만들기를 포기하고, 공간 내부의 충실함이 아닌 남을 속이는 표피의 화장에만 치중할 때, 아마도 이러한 사건들은 끊임없이 뒤를 이어 발생할 것으로 생각된다.

23

목마른
도시

누가 여름이 아니라고 할까봐 그런지, 요즘 날씨가 화씨 100도(섭씨 38도 정도)를 오르내리고 있다. 바깥에 나가 빌딩 숲을 걷자니 숨이 헉헉 턱까지 차오른다. 그래도 필라델피아는 멀지 않은 곳에 큰 강이 있어서 공기가 그리 건조한 편은 아니다. 대학도시로 들어가 보니 갑자기 시원한 느낌이 전해져 온다. 강의실 안에서 빠져나온 에어컨 바람 때문인가 했더니 그게 아니다. 건물들 사이에 조성된 분수가 시원한 물줄기를 내뿜고 있는 까닭이다.

한여름 무미건조한 도시의 회색 빌딩 숲에서 마주하는 분수는 마치 사막에서 오아시스를 만난 듯 반가운 존재이다. 가장자리로 흘러넘친 물 위를 걸으며 우선 달구어진 운동화 바닥부터 식혀 본다. 치지직, 금방이라도 신발에서 김이 모락모락 피어오를 듯하다. 날아가던 새 두어 마리가 갑자기 첨벙 물속으로 뛰어

건물들 사이에서 솟아오르는 분수 (펜실베이니아주 드렉셀대학)

드렉셀대학의 '(Disque Hall)'과 '레보우 분수(LeBow Fountain on Woodland Walk)' 풍경. 디스크 홀은 같은 대학 전기공학과 교수와 임시총장을 지냈던 '로버트 디스크(Robert C. Disque, 1883~1968)'의 이름을 딴 것이다.

날개의 파닥거림을 멈추고 물가를 찾아든 새 (펜실베이니아주 브린모어 레드윈아파트)
"나는 일기를 쓰듯 매일 사진을 찍는다." 오늘도 마치 군에서 총기를 열어 정비하듯 가방에서 카메라를 꺼내 손질한다. 탕, 찰칵, 렌즈 닦임 상태를 점검하기 위해 집 근처를 배회하다가 촬영한 작품이다.

든다. 저놈들도 어지간히 더웠던 모양이다. 하긴 하늘을 날려면 날개를 쉬지 않고 파닥거려야 하니 몸에서 얼마나 많은 열이 나겠는가!

그러고 보니 이 도시에는 분수가 참으로 많다. 여기저기 마련된 광장마다엔 웬만하면 분수가 쉴 새 없이 물을 토해내고 있다. 그 뿐만이 아니다 도시에 서식하는 동물들과 새들을 위해 이곳저곳 물을 마실 수 있는 공간도 적지 않게 마련해 놓았다. 문득 대학원 시절 건축설계 개념으로 많이 고민했던 '공생 共生'과 '공서 共棲'라는 단어가 떠오른다. 쉽게 말하자면 '서로 돕고 배려하며 함께 살아가는 것'이다.

오늘날 우리가 밟고 사는 대지는 본래 특정한 주인이 없고 같은 시대를 살아가는 동식물 모두의 것이다. 그러나 인간만이 제멋대로 땅을 독점한 채 다른 생물들과의 나눠 쓰기를 완강히 거부하고 있다. 아니 나날이 더욱더 자연의 땅을 침식해 들어가며 건물을 세우고 쓰레기를 버리는 행위를 되풀이 하고 있다. 한번 곰곰이 생각해 보자. 짐승들이 자기 집을 하늘 높은 곳과 땅속 깊은 곳까지 짓는 것을 본 일이 있는가. 새들이 자기 집을 자연으로 되돌리지 않고 영원히 남기려는 것을 본 일이 있는가. 그런데 왜 인간만이 유독 끝없는 욕심으로 대지에 도시의 흔적을 각인시키며, 다른 생명체들의 삶을 전혀 배려하지 않고 사는 것일까?

이제 우리는 지금까지 겪어온 시행착오를 되돌릴 준비를 해야 한다. 오존층이 파괴되어 학학거리는 이 지구환경을 그대로 두고 볼 수만은 없다. 오늘도 콘크리트와 아스팔트로 뒤덮인 도시의 표피 위에선 가물가물 아지랑이가 쉼 없이 피어오른다. 눈앞의 시원한 분수 물줄기가 지구촌 어디에나 존재한다면 좋겠지만, 현실은 그렇지 못해서 지금 물 부족으로 곤란을 겪고 있는 나라가 한둘이 아니다. 날이 갈수록 목마른 도시는 자꾸 늘어만 갈 것이다. 바야흐로 에너지 절약과 자연파괴 방지를 위한 특단의 대책이 필요한 시점이다. 우리 자손들뿐만이 아닌 저 새들의 앞날을 위해서도…….

24

갈매기
나래 위에

무미건조한 콘크리트 더미로 이루어진 현대의 도시환경은 사람을 쉬이 지치게 만든다. 그래서 우리는 가끔씩 나무와 꽃과 벌과 나비가 있는 공원을 찾아다니며 몸과 마음을 다스린다. 그러나 며칠 혹은 몇 달째 계속 쌓인 과중한 스트레스는 이런 방식으로도 잘 해소되지 않는 경향이 있다. 그럴 때마다 나는 물가 waterfront를 즐겨 찾는데 그 이유는 바로 물이 마음을 편안하게 해주고 일상에서 받은 상처를 치유해 준다고 믿기 때문이다.

외국의 경우, 큰 규모의 건축물에는 그 전면에 낮은 깊이의 연못을 만들어 사람들이 그것을 바라보며 휴식할 수 있도록 수변공간을 조성해놓는 일이 흔하다. 그러한 곳은 참으로 쓰임새가 다양해서, 일차적으로 도시의 '열섬현상 heat island effect'을 완화시켜 공기를 시원하게 해주며, 화재가 발생했을 때 소방용 급수로도

날개를 펴고 이륙하는 갈매기 (펜실베이니아주 델라웨어강변)
살아가다가 마음이 답답해질 때 물가로 나아가 우두커니 수면을 바라본다. 더러워진 손발을 물로 씻듯이 혼탁해진 마음도 물로 씻는 것이다. 그리고 가벼워진 마음으로 힘을 내어 다시 앞을 향해 날아오른다.

유용하게 활용된다. 또한 도시민들에게 편안한 휴식과 유희의 장소를 제공하고, 그들의 미학적 감성을 자극하여 풍요로운 일상생활이 영위될 수 있도록 도와준다.

도심의 이러한 인공적인 물가가 다소 답답하게 느껴질 때면 다음 순서로 찾아가는 곳이 강변이나 해변이다. 거기에는 인공적 환경에서와 달리 자연이 만들어놓은 거대한 넓이와 아득한 깊이의 세계가 존재한다. 그리고 평소에 보기 어려운 새와 벌레와 물고기 등 수많은 생명체가 제각기 삶을 이어간다. 인간의 힘으로는 감히 가늠해볼 수 없는 경이로운 세계가 펼쳐지는 것이다. 이 때 문득

날개를 접고 착륙하는 갈매기 (펜실베이니아주 델라웨어강변)
셔터속도 1/800초로 촬영한 사진이다. 갈매기가 날아올 방향을 예상하고 무료하리만큼 지키고 있어야 이런 작품이 나온다. 사진이 '기다림의 미학'인 까닭이다.

보이지 않는 어떤 절대손길의 치밀한 섭리를 느끼게 된다. 그 때문에 자질구레한 일상의 복잡한 일로부터 탈출하여 신비로운 자연에 의지하려는 의식이 가물가물 피어오르고, 그것을 체험한 순간 나는 부유浮遊하기 시작한다. 까마득한 기억 속에 내재되어 있는 출렁거리는 물羊水의 공간……. 어느덧 눈을 지그시 감고 본능적으로 팔다리를 휘저으며 그 원초적 생명의 세계를 향해 여행을 떠난다. 진정한 휴식시간이 도래한 것이다.

오늘도 항구는 푸르다. 정오의 태양을 향해 갈매기 한 마리가 푸드덕거리며 도시를 박차고 날아오른다. 아! 오늘은 저 은빛 나래 위에 지쳐버린 내 영혼을 싣고 몽롱한 의식 속에 남아 있는 어머니의 태곳적 물가를 한 바퀴 빙 둘러보고 싶다. 지금 이 시간, 누군가가 만약 사무실이나 학교에서 아픈 머리를 감싸 쥐며 긴 한숨을 토해내고 있다면, 나는 그에게 진정으로 권할 것이다. 잔잔한 물결이 일렁거리는 푸른 물가로 얼른 달려가 볼 것을…….

25

기억으로 남는
건축

일찍이 거기에 집이 있었다. 그리고 어떤 사람이 살고 있었다. 그 옛날 그 사람을 만나고 싶으면 그 집을 찾아가곤 했었다. 그러나 지금은 그 사람도 그 집도 더 이상 존재하지 않는다. 그저 기억 속에서 아스라이 잔상으로만 남아 있을 뿐……. 오늘 문득 떠나간 사람이 보고 싶어지니 그가 살던 집까지 보고 싶어진다. 사람이 그리운 만치 집도 그리워지는 모양이다. 그래서 집을 되살려 보기로 했다. 땅 위에 골조를 세우고 벽돌을 쌓아 올리려는데, 갑자기 모두 다 부질없다는 생각이 솟구쳐 온다. 집을 다시 만든다고 사람까지 다시 돌아오는 것은 아닐 테니까……. 결국은 그냥 골조만 세운 채 남겨두기로 했다. 중요한 것은 외면적 형체가 아니라 내면적 심정일 터이므로…….

필라델피아 Philadelphia 역사지구에 위치한 '벤자민 프랭클린 Benjamin Franklin,

프랭클린 코트 진입 통로 (펜실베이니아주 필라델피아 올드시티)
이 좁은 통로를 지나야만 프랭클린 코트 안으로 들어갈 수가 있다. 처음 방문 때는 커다란 빌딩들 사이에서 이 진입로를 찾아내는 것이 어려웠다. 원래의 건축물 용도가 만인이 이용하는 공공 건축물이 아닌 개인 주택이었으니까 어쩌면 당연한 일이겠지!

1706~1790'의 옛집 뜰에 우두커니 서서 불현듯 떠올려 본 상념들이다. 예전에는 한적한 주택지에 불과했을 이곳이 현재는 고층 빌딩으로 빽빽하다. 하늘을 향해 뻥 뚫려 있는 직사각형의 대지, 그곳이 바로 프랭클린이 거주하고 생업을 유지하던 터전이다. 오늘날 동서양을 막론하고 '유명인이 살다간 집을 보전하느냐 철거하느냐'의 문제는 심심찮게 사회적인 논쟁거리로 등장한다. '프랭클린 코트 Fragments of Franklin Court, 1976'는 1976년의 미국 독립 200주년을 앞두고, 그것을 기념하기 위해 건축가 '로버트 벤츄리 Robert Venturi, 1925~2018'에게 의뢰해서 설계된 작품이다.

프린팅 오피스 건물 윤곽 재현 (펜실베이니아주 필라델피아 올드시티)

'집의 형상을 기억하는 것'은 어떤 의미가 있을까? 설계자인 로버트 벤츄리에게 물어보고 싶은 말이다. 장소의 '영원한 점유'와 '일시적 점유'에 대해 깊이 생각해 보는 계기가 된 건축물이다. 우리 인간들도 새들처럼 둥지를 짓고 새끼를 키운 후 미련 없이 그 장소를 떠날 수만 있다면······.

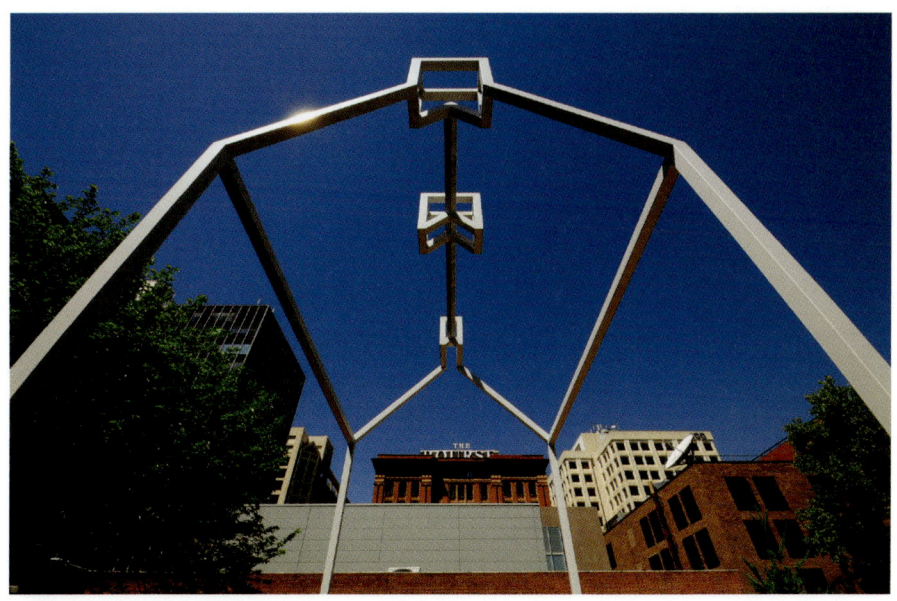

프랭클린 하우스 건물 윤곽 재현 (펜실베이니아주 필라델피아 올드시티)
필라델피아 사람들은 이곳을 '유령의 집(Ghost Structure)'이라고 부른단다. 안과 밖이 있으나 실제로는 존재하지 않는 영역! 우리가 허상으로 구획해 놓은 이 골조 속에 옛날의 유령들이 모여들어 오늘을 사는 모양이다.

그는 기존 주택과 인쇄소 건물의 외부 윤곽을 강철 골조로 재현하고, 거기에 흰색 페인트를 칠하는 독특한 형태의 복원 작업을 수립하였다. 완성 후 필라델피아 사람들은 '유령의 집 Ghost Structure'이라는 애칭을 선사하며 프랭클린 코트의 존재가치에 의미를 부여했다. 건국시대의 걸출한 정치가이자 과학자이며 또 출판인이기도 했던 벤자민 프랭클린, "그는 평생을 통해 자유를 사랑하고 과학을 존중하였으며 공리주의에 투철한 전형적인 미국인"이었다고 후세들은 전한다. 지하에 마련된 박물관으로 내려가니 그가 살던 옛집의 축소모형과 각종 발명품들이 가지런히 전시되어, 방문자들에게 그의 체취를 느낄 수 있도록 해주고 있다.

프랭클린 하우스 창틀과 건물 윤곽 골조 그림자 (펜실베이니아주 필라델피아 올드시티)
반달형 창틀이 골조 그림자 속에 갇혔다. 딱 그 위치에 창이 나 있을 법한 집이 만들어졌다. 집의 한 부분이 훌륭한 전시품목이 될 수 있다는 사실을 요즘에야 깨닫는다. 최근 세계적으로 집을 주제로 예술 창작활동을 하는 작가들이 많아진 느낌이다.

사람은 가도 집은 남는 것인가! 길다란 나무 의자에 척 걸터앉아 아픈 다리를 쉬고 있노라니, 저만치 벽면에 붙어 있는 아치형 창틀 하나가 눈에 들어온다. 아마도 프랭클린 옛집에 달려 있던 창틀임에 틀림없을 것이다. '경우에 따라 건축부재도 훌륭한 전시품이 될 수 있구나!' 라고 생각하는데, 마침 구름 속에서 나온 태양이 그 창틀 위에 그림자 한 자락을 내려놓는다. 골조만 앙상한 '유령의 집'에서 뻗어 나온 삼각형 박공지붕의 그림자이다. 마치 그림자가 "내 창 틀 내놔라, 내 창 틀 내놔라" 하며 자기 몸에서 잃어버린 창틀을 찾아 여기까지 달려온 듯한 느낌이 든다. 한참 동안 그들의 유희를 즐겁게 지켜보다가 천천히 건축물 진입 통로 쪽으로 발걸음을 옮겼다. 동굴처럼 생긴 길다란 아치형의 프랭클린 코트 진입 통로, 그 어슴푸레한 벽면 한 쪽엔 다음과 같은 글이 적혀 있었다. "벤자민 프랭클린은 이 원래 통로를 통해 그의 집을 오고 갔다. Benjamin Franklin went to and from his house through this original passage." 그 후 지금까지 그가 찍은 발자국 위로 얼마나 많은 사람의 발자국들이 더 쌓여왔을까!

26

담벼락
낙서

목이 타기에 사이다를 한잔 마시려고 병을 따니 마개가 하늘로 뻥 솟아오른다. 그 소리가 매우 경쾌해서 아직 사이다를 마시지 않았는데도 일순 청량감이 느껴진다. 아마도 '막힌 것이 뻥 뚫렸다는 사실'에 대해 내 마음이 시원하게 반응한 때문일 것이다. 사람이 세상을 살아가다 보면 가끔씩 가슴 속에 뭔가 응어리가 맺혀 참으로 답답할 때가 있는데, 그것을 적절하게 풀어주지 못하면 결국은 병이 되어 몸과 마음에 안 좋은 영향을 미치게 된다. 특히 어린이나 청소년들은 자제력이 있는 어른들과 달라서 그런 것들을 금방 어디론가 분출하려고 하는 성향이 강한 듯하다. 이런 마음의 스트레스를 해소하는 방법에는 여러 가지가 있겠으나, 그 중에서도 담벼락 낙서는 오랜 세월 동안 이들에게 꽤 효과적인 분출구 역할을 해왔다.

벽화: 천국의 홀(Heavenly Hall, 1988) (펜실베이니아주 필라델피아 시내)

평소 가볍게 스치고 지나가던 이 그림들이 그렇게 의미가 있는 줄 몰랐다. 사회로부터 일탈한 청소년들이 그림에 표현된 모습처럼 행복해지길 바라는 프로그램(MAP) 운영자들의 소망이 담겨 있다.

벽화: 토요일 오후(Saturday Afternoon, 2004) (펜실베이니아주 필라델피아 시내)
'토요일 오후의 가정 풍경'이란 얼마나 행복한가! 어머니는 부엌에서 가족을 위한 음식을 만들고, 아버지는 일주일의 고된 노동으로부터 벗어나 아이들과 눈을 맞추고 도란도란 이야기꽃을 피우는……. 지위 및 직업과 관계없이, 인종 및 피부색과 관계없이 모두가 누려야할 극히 기본적인 행복권일 것이다.

필라델피아에 처음 도착하던 날, 마중을 나온 지인으로부터 "어느 거리를 지날 때는 이상한 사람들이 접근할 수 있으니 특히 주의를 기울여야 한다."는 말을 들었다. 바로 랭커스터 에비뉴 Lancaster Ave의 흑인 밀집 거주지역 African-American Community에 관한 이야기였다. 드렉셀대학 Drexel University 옆의 34번가에서 처음 시작되는 이 거리는 40번가를 지나면서부터 흑인 거주지역으로 바뀌는데, 그것이 자동차로 한 20분 정도 달려야 도착하는 63번가까지 그대로 이어진다.

노면기차와 자동차가 함께 달리는 도로변에는 낡은 목조 상점들과 주택들이 빼곡하게 들어차 있고, 한 발짝 골목길로 들어서면 특이한 형태의 이삼층 공동주택들이 다닥다닥 붙어 있으며, 건축물 출입문과 창문들마다 굵은 쇠창살이 둘러쳐져 있어 주변 분위기가 매우 을씨년스러운 것이 특징이다. 내가 방문교수로 재직하는 펜실베이니아대학 University of Pennsylvania에서 브린모어 Bryn Mawr의 자택으로 돌아가기 위해서는 반드시 이 랭커스터 에비뉴를 지나야만 하는데, 여기저기 잡초가 무성하게 자라고 쓰레기가 쌓여 있는 마을들을 지날 때마다 한낮이라도 왠지 모를 두려움이 엄습해 오곤 했다.

그러던 어느 날 나는 이 거리에 정을 붙이게 되는 뜻밖의 훌륭한 발견을 하게 되는데, 그것은 바로 담장이나 건축물 벽면에 그려진 예사롭지 않은 그림들이었다. 자동차를 타고 천천히 달리다 보면 길가의 군데군데 담벼락으로부터 상당히 예술성 높은 그림들이 눈에 들어오고, 빈민가 사람들의 의식과는 도무지 어울릴 것 같지 않은 그 작품들의 정체가 자못 궁금해지기에 이르렀다. 그래서 자료를 찾아봤더니, '필라델피아시 Department of Human Services and the City of Philadelphia'가 길거리 불량낙서 방지를 위해 시행하고 있는 '벽화예술 프로그램 MAP: Mural Arts Program'의 최종 결과물들이었다. 우리나라도 요즘 노후한 건축물 담장에 아름다운 그림을 그려 넣어 지역을 활성화 시키는 '공공미술 public art' 프로젝트가 한창 진행되고 있는데, 미국에서는 이것이 아주 오래전부터 이루어져 온 느낌이다.

즉, 1985년 흑인 지역사회에서 젊은이들이 담벼락에 낙서하는 행위에 골머리를 앓던 시 당국이 이들을 잡아 혼내는 대신, 전문적인 예술가들에게 보내 그들의 지도를 받으면서 담벼락 낙서를 벽화 예술작품으로 승화시켜 그릴 수 있도록 배려한 것이 프로그램의 효시였다고 전해진다. 그림의 내용도 욕설이나 외설적인

벽화: 우리의 필라델피아(Our Philadelphia, 2004) (펜실베이니아주 필라델피아 시내)

자기가 사는 지역에 대해 자긍심을 갖게 하는 일은 매우 중요하다. 특히 길거리 여기저기에 낙서를 하고 기물을 파손하는 사람들의 대부분은 지역 사회로부터 소외받고 있는 경우가 많다. 그림을 통해 지역사랑을 고취시키고 아름다운 마음을 꽃피우는 아이디어가 참 돋보이는 프로그램(MAP)이다.

벽화: 프리덤 나우 투어(Freedom Now Tour, 1965, 2009) (펜실베이니아주 필라델피아 시내)
"나에게는 꿈이 있습니다. 내 아이들이 피부색을 기준으로 사람을 평가하지 않고, 인격을 기준으로 사람을 평가하는 나라에서 살게 되는 꿈입니다." 노예해방을 꿈꾸었던 '마틴 루터 킹 목사'의 목소리가 금방이라도 들려올 듯하다.

것에서 행복한 가정생활과 개인적 꿈을 표현하고 성공을 존중하는 것으로 바꾸어 그리도록 했다. 물론 그림에 나오는 주인공들은 모두 흑인들로 구성되어 있다.

그 중의 하나, 랭커스터 에비뉴 Lancaster Ave와 하버포드 에비뉴 Haverford Ave의 교차점에는 흑인들의 고용과 자유를 쟁취하기 위해 미동부 투어 Freedom Now Rally에 나섰던 '마틴 루터 킹 목사 Rev. Dr. Martin Luther King, 1929~1968'의 열정적인 모습이 그려져 있다. 그리고 그 한쪽 편 설명문에는 "1965년 8월 3일 필라델피아의 이 교차로에서 만여 명의 군중이 운집한 가운데 연설했다."고 기록되어 있다. 그보다 약 2년 앞선 1963년 8월 23일. 노예해방 100주년 기념으로 워싱턴에서 열린 '워싱턴 대행진' 출정식에서 그가 행했던 유명한 연설 한 토막이 생각난다.

"나에게는 꿈이 있습니다. 언젠가는 이 나라가 깨어 일어나 모든 인간은 평등하게 창조되었다는 진리를 자명한 것으로 여기며, 그 신념의 진정한 의미를 실현하게 되리라는 꿈이 있습니다. (I have a dream that one day this nation will rise up and live out the true meaning of its creed: We hold these truths to be self-evident: that all man are created equal.)"

필라델피아 벽화예술 프로그램에서는 현재도 각 학교와 교도소 젊은이들이 주축이 되어 세계 각지에서 모여든 예술가들과 공동으로 새로운 작품들을 쏟아내고 있다. 그리고 그에 대한 모든 이야기들을 모아 다큐멘터리 영화로 제작하였으며 다수의 책으로도 출판하였다. 또한 관련 단체에서는 정기적으로 관광객들을 대상으로 벽화작품 유료 감상투어를 개최해 나름대로 소득을 창출하고 있다. 역발상이 이끌어낸 멋진 결과물들이 필라델피아의 새로운 관광자원으로 떠오르고 있는 것이다.

27

추억이 전시되는 공간

빵! 무엇인가 터지는 소리가 났다. 고개를 돌려보니 샴페인 한 줄기가 허공으로 솟구쳐 오른다. 하얀 물거품이 'S자' 모양을 그리며 하늘을 향해 퍼져나간다. 결혼식을 막 마치고 나온 사람들이 기념사진을 촬영하느라 벌인 해프닝이다. 파르테논 신전을 본떠 만들었다는 '필라델피아 미술관 Philadelphia Museum of Art, 1919~1928'의 그 연한 황금빛 돌계단 위에서, 일생에 단 한번 뿐이기 쉬운 가장 즐거운 날의 추억이 눈부시게 무르익어만 간다. 그리고 그 뒤편으로는 육중한 기둥들이 버티고 서서, 마치 부모 같은 마음으로 신랑신부의 행복한 표정들을 지켜보고 있다.

'뮤지엄 Museum'이란 단지 골동품이나 미술품만 전시되는 곳이 아니다. 실시간 그 공간을 찾는 사람들의 모습까지도 함께 전시되는 곳이다. 호기심 가득한 두

추억이 담겨지는 건축공간 (펜실베이니아주 필라델피아 미술관)

뻥, 시원하게 샴페인 한 줄기가 허공으로 솟구쳐 오른다. 필라델피아 미술관 구경을 갔다가, 우리 가족들은 결혼식 커플 들러리가 되고 나는 졸지에 사진작가가 된 순간이다. 'S자' 샴페인 줄기를 제대로 잡아내기 위해 몇 번이나 병을 다시 흔들면서 촬영한 작품이다. 출연자 여러분 감사합니다.

눈을 반짝거리며 엄마의 손을 잡고 따라 들어온 아가의 모습과, 두툼한 공책에다 선생님의 역사와 예술 이야기를 받아 적는 학생의 모습과, 이렇게 사랑하는 배우자와 결혼의 뒤풀이를 즐기러 온 신랑신부의 환한 모습까지, 그 모든 이들의 소중한 시간들이 시나브로 안팎에서 추억처럼 담기는 그런 곳이다. 그런 의미에서 뮤지엄은 옛 노래만 흘러나오는 낡은 레코드판 같은 공간이 아니라, 현재의 우리들 노래가 생생하게 울려 퍼지는 콘서트장 같은 공간이다.

세상에 '사람' 보다 더 아름다운 것이 또 어디에 있으랴? 세상에 '사랑' 보다 더 아름다운 일이 또 어디에 있으랴? 사람이 홀로 태어나 짝을 만나고 사랑의 교감을 이루어 간다는 것은 얼마나 자연스럽고 경탄할만한 일인가! 나는 지금 샴페인을 쏘아 올린 저 신랑신부가 한평생 행복하기를 진심으로 바란다. 그리고 생을 살아가다가 문득 오늘이 그리워질 때, 다시 둘이서 나란히 이 황금빛 돌계단을 찾아오길 바란다. 이 필라델피아 뮤지엄은 그때도 지금처럼 묵묵하게 서서 그대들의 예전 추억을 전시해 줄 것이며, 그대들이 떠난 뒤로는 그대들의 새로운 모습을 그대로 박제시켜 환영처럼 돌계단 위에 남겨줄 것이다. 지금까지 어언 100년이 넘도록 늘 그리 해왔던 것처럼…….

기억이 박제되는 건축공간 (펜실베이니아주 필라델피아 미술관)
미술관의 본관 디자인은 고대 그리스 신전건축 양식을 본떠서 설계되었다. '필라델피아의 아크로폴리스 (Philadelphia Acropolis)'라 불리기도 한다. 세계 각국으로부터 수집한 미술품 컬렉션이 227,000여점 보관되어 있으며, 미국에서도 가장 큰 미술관 중의 하나로서, 연간 방문객이 800,000명에 이른다.

28

시인이 생각나는 건축

여름의 끝이다. 이따금 선선한 바람이 옷깃을 파고든다. 가을 옷을 사러가는 아내와 이웃 아주머니를 따라 인근에서 유명하다는 쇼핑몰에 들렀다. 입구 가까운 상점에서 웃옷 몇 점을 사주기에 감사하게 받아 들고 이내 건물 밖으로 나왔다. 이것저것 살 것이 많은지 아니면 볼 것이 많은지, 아내와 아주머니의 쇼핑시간이 한 없이 길어지는 듯한 느낌을 받았기 때문이다. 흐린 하늘을 올려다 보니 먹구름이 가득하다. 저 멀리 '리머릭 원자력발전소 Limerick Nuclear Power Plant' 의 거대한 굴뚝에서 하얀 연기가 연방 쏟아져 나와 하늘로 올라가고 있다. 나에게는 왠지 그 모습이 하얀 머리를 풀어헤치고 하늘로 올라가는 두 사람의 시인들처럼 보인다.

그러고 보면 내 어릴 적 살던 고향집 안방 문짝 위에는 조그마한 액자가 하나

시인이 생각나는 건축 (펜실베이니아주 리머릭 원자력발전소)
굴뚝에서 연기(사실은 수증기)가 쏟아져 올라가는 모습이 마치 머리를 풀어헤치고 하늘로 올라가는 시인의 모습처럼 보인다. 어두컴컴한 먹구름 하늘 분위기와 어우러져 사뭇 경건한 마음까지 우러나는 순간이다.

걸려 있었다. '삶이 그대를 속일지라도'로 시작되는 '푸시킨'의 시詩가 '이발소 그림'이라 불리는 흔한 풍경화 위에 또박또박 적혀 있던 기억이 새롭다. "삶이 그대를 속일지라도 슬퍼하거나 노하지 말라 / 슬픔의 날 참고 견디면 기쁨의 날이 오리니 / 마음은 미래에 살고 현재는 언제나 슬픈 것 / 모든 것은 순간이고 지나간 것은 그리워지나니" 굳이 내용을 외우려고 한 것도 아닌데 지금까지 또렷하게 기억나는 것을 보면, 아마도 방을 드나들면서 무심결에 머릿속으로 들어와 박힌 모양이다.

시인처럼 떠나가는 민들레 홀씨 (펜실베이니아주 브린모어 레드윈아파트)
만남은 곧 이별을 의미하는 것이다. 지금 잡고 있는 것은 언젠가 놓게 되어 있다. 세상 모든 인연을 홀홀 떨쳐버리고 저승을 향해 떠나가는 민들레 모습. 그것을 카메라에 담기 위해 입술이 얼얼하도록 홀씨들을 불고 또 불었다.

그 후 고향을 떠나 국내외 이곳저곳을 떠돌며 나름대로의 인생길을 걸어오는 동안, 나는 어려울 때마다 그 시 구절을 떠올리며 적지 않게 위안을 삼곤 했다. '푸시킨 Aleksandr Sergeevich Pushikin, 1799~1837'은 러시아 문학의 낭만주의를 꽃 피우고 리얼리즘 문학을 확립했으나, 끝내는 사랑하는 아내와 자신의 명예를 지키기 위해 그것을 해하려는 자와 결투를 벌인 다음, 2월 어느 날 꽃다운 38세의 나이에 홀연히 저 세상으로 떠났다. 내가 그의 인생에 대해 진지하게 알아보려 한 것은 극히 최근의 일이었지만, 어쩌면 그는 나의 어린 시절부터 줄곧 소중한 친구로서 함께 지내 왔는지도 모른다.

그리고 문득 또 한 사람의 시인이 생각난다. 바로 '귀천歸天'의 시인 '천상병 1930~1993'이다. "나 하늘로 돌아가리라 / 새벽빛 와 닿으면 스러지는 / 이슬 더불어 손에 손을 잡고 / 나 하늘로 돌아가리라 / 노을빛 함께 단 둘이서 / 기슭에서 놀다가 구름 손짓하면은 / 나 하늘로 돌아가리라 / 아름다운 이 세상 소풍 끝내는 날 / 가서, 아름다웠더라고 말하리라" 참으로 대범한 글이다. 그는 마디마디마다 험난했던 인생 굴곡에도 전혀 굴하지 않고, 한 없이 넓은 가슴으로 이 세상을 찬미하며, 이승을 초월해 저승을 자유롭게 오가던 천재시인이었다. 나는 그의 시 세계를 접할 때마다 불현듯 무한한 '우주宇宙'와 '윤회輪廻'를 느끼곤 한다.

지금까지의 내 삶에 푸시킨의 시 '삶이 그대를 속일지라도' 가 많은 위안을 주었다면, 앞으로의 내 삶에는 천상병의 시 '귀천' 이 많은 지침을 줄 것으로 믿는다. 두 시인 다 순탄하지 않은 인생경로를 거쳤지만 하늘로 올라가는 방법은 서로 달라서, 푸시킨은 인생을 스스로 마감했으며 천상병은 자연의 순리에 따랐다. 매우 어려운 일이겠지만, 나는 앞으로의 내 인생관이 천상병 시인처럼 대범할 수 있기를 희망한다. 이런 생각을 한 지 시간이 얼마나 흘렀을까! 사색에서 깨어나 허공을 바라보니, 아까보다도 더 많은 연기가 하늘로 올라가고 있다. 너울너울, 하늘하늘, 마치 두 시인에 대한 진혼제를 올리는 듯한 풍경이다.

29

다닥다닥
상점건축

요 며칠 사이 날씨가 갑자기 선선해졌다. 이제 여름이 그만 우리 곁을 떠나 가려나 보다. 가을학기를 맞아 한국에서 새로운 가족들이 이웃으로 이사를 왔다. 이쪽의 대학이나 병원에서 일 년 남짓 학술연수를 수행하기 위해서이다. 인사도 나눌 겸 산책도 할 겸 해서 근처의 대학으로 가족동반 소풍을 갔다. 캠퍼스의 푸른 잔디밭 한가운데 널찍한 돗자리를 깔고 모두들 둘러앉으니 왠지 모르게 마음이 포근해진다. 싸가지고 온 음식들을 서로 나눠먹고 나니, 일행들이 자연스럽게 끼리끼리 무리를 지어 흩어져 버린다. 아이들은 오랜만에 넓은 공터를 만나 뛰고 달리고 노느라 정신이 없고, 엄마들은 이국생활에 도움이 될 만한 생활정보들 교환하기에 바쁜데, 아빠들은 그저 멀뚱멀뚱 얼굴만 쳐다보다 따뜻한 커피나 한잔 하자고 의견이 모아졌다.

스와스모어대학 앞의 상점들 (펜실베이니아주 스와스모어대학 부근)
왼쪽 맨 앞의 상점에서 따끈따끈한 커피 한 잔씩을 나누었다. 컵에서 솟아 나오는 하얀 김처럼 시간도 너울너울 흘러간다. 오늘 이 만남도 결국은 훗날 우리 인생의 추억 한 페이지로 장식되지 않을까!

철로 밑 지하통로를 따라 대학 밖으로 나오니 하늘이 쾌청하다. 무성한 나뭇잎들 사이로 군데군데 붉은 기운이 도는 듯하다. "정말 벌써 가을이 찾아왔나!" 모두들 한마디씩 하며 어슬렁어슬렁 커피가게를 찾아다니다, 지하차도 위를 지나는 다리 위에서 발걸음이 딱 멈춰졌다. "야, 아름답다!" 차도 건너편 푸른 하늘 아래로 다닥다닥 연이어 붙어있는 조그만 상점들의 앙증맞은 풍경이 눈에 쏙 들어온 것이다. "이 사람들은 상점도 저렇게 예쁘게 지어 놓네!" 누군가 감탄의 말을 쏟아 냈다. 찬찬히 살펴보니 참말로 아기자기하다. 마치 동화 속에 나오는 인형의 집들을 모아놓은 듯, 가로세로 나무기둥들이 교차하며 아담한 사각형

스와스모어대학의 잔디밭 (펜실베이니아주 스와스모어대학)
미국에 거주하는 한인들 이야기에 따르면 스와스모어대학의 학생 실력이 아이비리그 대학에 버금가는 수준이라고 한다. 그건 그렇고 아무튼 우리는 잔디밭에 앉아 커피를 마실 수 있다는 것만으로도 매우 행복했다.

무늬들을 만들어 내고, 지붕 한쪽으론 멋진 다락창들이 설치되어 햇볕과 바람을 받아들이고 있었다.

문득 한국에서 지금까지 내가 보아 오던 아파트 단지 풍경이 떠올랐다. 불도저로 논밭을 확 밀어버린 후 바둑판같은 대지 한복판에 콘크리트 더미 몇 개를 세우면, 그것을 둘러싸고 똑같은 모양의 일이층 상가들이 알록달록 간판을 달고 삽시간에 생겨나던……. 상점, 특히 소형 가게는 서민들 가까이에서 일상을 함께 하는 건축물이다. 집 안에 그림이나 공예품 같은 장식물이 하나도 없으면 분위기가 아주 삭막해지는 것처럼, 주거단지 안에 아무런 조형성 없는 무미건조한 형태의 상점들만이 우르르 몰려 있으면, 거기에서 사는 사람들이 아름다운 꿈을 꾸고 멋진 낭만을 향유하기가 어려워진다. 상점이란 주택과 달라서 물건을 파는 기능 외에도 일정한 사회적 공간으로서의 역할을 수행해야 한다. 주민들이 이웃들과 서로 만나 삶의 애환을 나누며 하루하루를 이어가는 공간이 바로 그곳이기 때문이다.

아무튼 상점건축에도 운치와 정취가 꼭 필요하다는 생각을 하며, 맨 앞에 있는 제일 예쁘장하게 생긴 건물 안으로 들어섰다. 독특한 실내 분위기 속에서 퍼져 나오는 구수한 커피 향기가 공기를 타고 코끝으로 다가왔다. 주문을 하니 친절한 점원이 큰 컵 한 가득씩 따라 준다. 풍성하다. 아, 누가 가을을 커피의 계절이라고 했는가! 뜨거운 갈색 커피 한잔을 입 안으로 흘려 넣으니, 어느새 가을이 내 몸 속으로 들어와 있는 것 같다. 불현듯 잔디밭에 남아 있는 아내들 생각이 나기에, 도로 들어가 빈 컵 하나씩을 받아들고 다시 대학으로 향한다. 부부끼리 나눠 마시는 커피를 위하여……. 역시 가을은 외로움의 계절인가! 본의 아니게 저마다 유부남 티를 내고 있다.

30

뾰족뾰족
삼각형 건축

미국 필라델피아 Philadelphia에 도착해서 처음으로 시내 구경을 나갔던 날! 나는 길거리에서 눈에 탁 뜨이는 건축물 하나를 발견했다. 전면 벽이 온통 투명한 유리로 둘러싸여 있고, 건축물 한쪽이 날카로운 삼각형 구조로 마무리 되어, 뾰족한 앞쪽으로 그 몸체가 사뿐히 나아갈 것만 같은 형태, 그래서 매우 역동적인 느낌을 주는 건축……. 고등학교 이래로 단련된 나의 건축 심미안에 특별한 이상이 생기지 않았다면, 아마도 어느 무명작가가 설계한 그저 그런 건축물은 분명 아닐 것이라고 생각했다. 아니나 다를까 며칠 후 뜻하지 않게 한 유학생에게서 그에 대한 답변을 들을 수 있었다.

드렉셀대학 공학관에 속해 있는 '에드먼드 보스원 연구센터 Edmund D. Bossone Research Enterprise Center, 2005.' 저 유명한 중국계 미국인 건축가 아이엠페이 Ieoh Ming

뾰족뾰족 삼각형 건축물 전면 (펜실베이니아주 필라델피아 드렉셀대학)
필라델피아 시내에서 드렉셀대학 쪽으로 향하는 마켓 스트리트(Market Street) 대로변에 위치한 건축물이다. 정면도 특이하지만 뒤쪽으로 돌아가면 다양하게 변화하는 '공간의 맛'을 제대로 체험해볼 수 있다.

Pei, 1917~2019 의 회사 Pei Cobb Freed and Partners에서 설계한 작품이라고 했다. 내심으로는 십중팔구 그럴 것이라 생각했는데 역시 예측이 딱 들어맞았다. 일반적인 건축가는 건축물의 기본적인 형태를 계획할 때, 예각 銳角 처리가 두려워서 감히 삼각 평면을 채용하지 못하는 경향이 있다. 그런데 아이엠페이는 그것을 자유자재로 요리하며, 대단히 율동적이고 생기 있는 건축물을 창조해 낸다. 두어 달 전 워싱턴 Washington D. C.에 갔을 때도, 나는 그의 삼각형태 건축설계작품인 '국립미술관 National Gallery of Art, 1937 동관 East Building, 1978'의 매력에 푹 빠져서 결국은

뾰족뾰족 삼각형 건축물 측면 (펜실베이니아주 필라델피아 드렉셀대학)

모퉁이로 돌아가면 창끝처럼 날카로운 선(線) 맛이 느껴진다. 건축가의 힘이 느껴지는 건축물이다. 오래된 인접 건축물 사이에는 계단을 만들어서, 원래부터 있던 통행로를 단절시키지 않도록 배려했다. 사진에 인물을 배치한 것은 건축물의 규모를 표현하기 위해서이다.

문 닫을 시간까지 머물러 있던 기억이 새롭다.

종래의 건축물은 네모난 사각형태가 주류를 이루었다. 그러나 정보통신과 우주항공 등의 첨단산업이 발달하고, 각종 분야에서 획기적인 디자인들이 쏟아져 나오는 요즘에는, 사과상자처럼 무미건조한 사각형 건축물은 자칫 따분하고 고루한 느낌을 줄 수가 있다. 그에 비해 원형이나 삼각형을 채용한 건축물은 톡톡 튀는 개성을 추구하는 현대의 건축주들에게 환영 받을 확률이 크다. 나는 오래 전의 어떤 건축설계 작품에서 삼각형을 도입해 보려고 부단히도 애썼던 추억이 있다. 그 이유는 '천지인 天地人'의 개념적 요소를 '원방각 圓方角'의 형태적 요소로 풀어보고 싶은 마음 때문이었다. 그러나 원이나 네모는 비교적 공간으로 구성하기가 쉬웠는데 반해, 삼각형은 공간사용의 효율성 문제로 좀처럼 풀어내기가 어려웠다.

고등학교의 건축제도 수업 때 삼각자 쓰는 법을 열심히 배웠던 기억이 새롭다. 특히 두 종류의 삼각자를 많이 사용했는데, 하나는 한쪽 모서리 90도에 나머지 양쪽 모서리가 각각 45도인 것, 또 하나는 각각의 모서리가 90도·60도·30도로 이루어진 것이다. 이 두 가지 삼각자를 조합하면 15도 간격의 모든 각도를 만들어낼 수 있다. 그런데 요즘 건축전공 학생들은 제도판과 삼각자를 잘 사용하지 않고, 대부분 컴퓨터 프로그램 CAD: Computer-Aided Design을 사용해 건축설계 작업을 진행하고 있다. 그래서 그런지 건축형태 디자인에 삼각형보다는 사각형이나 원형을 더욱 선호하는 듯하다. 삼각형은 다른 도형들에 비해 안정적이고 다양한 형태를 창출해낼 수 있기 때문에, 지금까지 주로 구조물 설계에 많이 이용되었고, 평면 설계에는 그다지 쓰이지 않았던 도형이라고 할 수 있다. 그런 것을 아이엠페이가 능동적으로 사용해 완전히 자신의 전매특허 trade mark로 사용하고 있다.

건축물 안으로 들어서니 전면 유리창을 통해 밝은 햇빛이 쏟아져 내리고, 나머지 삼면은 하얀 벽체로 이루어져 있으며, 그 아래 바닥으로는 흑진주색 타일이 깔려 있었다. 주저할 것도 없이 가장 궁금했던 뾰족한 삼각형태의 공간으로 들어가 보았다. 생각했던 것보다는 좌우의 압박감이 적었으며, 오히려 재미있고 쾌적한 느낌까지 받았다. 어림잡아 환산하니 약 27.5도의 날카로운 각(角)이다. 그런데도 사람이 태연하게 끝 쪽까지 걸어 들어갈 수 있다니……. 순간 나도 모르게 탄성이 터져 나왔다. 어쩌면 "예각을 가진 삼각형을 건축평면에 도입해서는 안 된다."는 학창시절의 선생님 말씀에 나도 모르게 매몰되어 있었는지도 모르겠다. 역시 고정관념의 타파가 중요한 것인가!

뾰족뾰족 삼각형 건축물 실내 예각부분 (펜실베이니아주 필라델피아 드렉셀대학)
건축물 평면의 생김새가 약 27.5도의 날카로운 예각(銳角)인데도 불구하고, 구석으로 나아가는데 그다지 주저하는 마음이 생기지 않는다. 이런 설계도 가능한 것이라는 것을 처음 깨달은 순간이었다.

31

건축여행

"우리는 여행을 통해 무엇을 만나는가? 나는 여행을 통해 다섯 가지와 만난다. 하나는 아름다운 자연풍경, 둘은 운치 있는 도시와 건축, 셋은 그곳의 먹을거리와 마실거리, 넷은 그곳의 정감 어린 사람들, 그리고 다섯은 또 다른 자기 자신과의 만남이다. 이제 그동안의 수많았던 만남들을 이 창 web을 통해 이야기하고 싶다." 십여 년 전 개인 홈페이지를 만들면서 첫 화면에 써넣었던 문구이다.

여행이란 일상으로부터 탈피하여 자신에게 신선한 자극을 주고 생각을 성숙시켜 주는 좋은 기회가 된다. 특히 인생길을 걷다가 앞뒤가 꽉 막혀 도무지 돌파구가 보이지 않을 때, 우리는 무작정 떠난 여행에서 그것을 타개할 수 있는 뜻밖의 실마리를 찾기도 한다. 아마도 매일 같은 환경에서 같은 사람들을 만나 식상한 대화를 나누는 것보다, 전혀 다른 환경에서 다른 사람들을 만나 특별한 생각

여행에서 만나는 아름다운 자연풍경 (캐나다 온타리오주 나이아가라 폭포)

나이아가라 폭포를 캐나다 쪽에서 보고 촬영한 사진이다. 웃옷을 배낭에 질끈 동여매고 가벼운 반바지 차림으로 떠나온 아저씨의 뒷모습이 멋지게 느껴진다. 일상이 무거운 짐으로 가득 차 있는 사람은 쉽사리 여행을 떠나지 못한다. 매일매일 하나하나 꾸준하게 덜어내는 인생을 살고 싶다.

여행에서 만나는 운치 있는 건축물 (뉴욕주 엘리스 아일랜드 이민박물관)
이층 복도 난간에 카메라를 올려놓고 사람들이 지나갈 때마다 수도 없이 셔터를 눌렀다. 창문과 그림자가 한데 모아져 동그라미가 만들어 지는 시간은 정말 짧다. '이민박물관(Ellis Island Immigration Museum, 1990)'은 '에드워드 틸톤(Edward Lippincott Tilton, 1861~1933)'과 '윌리암 보링(William Alciphron Boring, 1859~1937)'이 설계했다.

을 듣는 것이 문제 해결을 위해 도움이 더 큰 까닭이리라. 즉 꼬인 실타래는 밖에서부터 풀어야 하는 이치와 같다. 오로지 내가 사는 숲속에서만 아등바등 고민할 것이 아니라 과감하게 숲 밖으로 나가 멀리서 이곳을 바라볼 때에, 비로소 얽혀져 있는 매듭들의 처음과 끝이 확실하게 눈에 들어오는 것이다.

물론 여행의 목적이 생활의 재충전에만 있는 것은 아니다. 여행 그 자체가 본질적으로 우리의 삶을 풍요롭게 만들어 준다. 특히 자기에게 남들과 다른 무엇인가 끌리는 분야가 존재한다면, 그것을 찾는 여행이야말로 스스로에게 특별한

여행에서 만나는 운치 있는 건축물 (펜실베이니아주 필라델피아 미국 제2은행)

'미국 제2은행(The Second Bank of the United States, 1824)'은 '윌리엄 스트릭랜드(William Strickland, 1788~1854)'가 그리스의 파르테논 신전 형식을 빌어서 설계했다. 그는 필라델피아의 '멀찬츠 익스체인지 빌딩(Merchants' Exchange Building, 1834)' 등 많은 관공서 건물을 디자인했다.

기쁨을 선사해 줄 것이다. 만약 그런 것이 전혀 없는 경우라면, 나는 이참에 건축여행을 한번 권해보고 싶다. 흔히 "우리 인생은 흙에서 태어나 흙으로 돌아간다."고 말을 하지만, 실제적으론 대부분 '건축물에서 태어나 건축물에서 살다가 건축물에서 죽는다.' 건축물은 그렇게 우리가 일생 동안 가까이 접하는 대상이지만, 평소에는 공기나 물처럼 큰 관심 없이 스쳐 지나는 것이 일반적이다.

내가 건축여행을 본격적으로 즐기기 시작한 때는 아마도 대학에 입학하고 나서부터일 것이다. 공업고등학교 시절에도 삼년 동안 건축을 공부했지만, 그 때

여행은 또 다른 자기 자신과의 만남 (펜실베이니아주 필라델피아 미국 제2은행)

햇볕이 고운 어느 오후 시간, 대리석 기둥에 등허리를 기대고 평화롭게 독서를 하는 아가씨. 그 책 속에는 무엇이 쓰여 있을까? 방해하지 않으려고 조심조심 카메라 셔터를 눌렀다. 결국은 알아차리고 방긋 웃음으로 화답해 주었는데, 어디 사는지를 모르니 사진을 전해줄 길이 없다.

는 오로지 건축의 기능 혹은 기술적인 면을 닦는 데만 충실했다. 그에 비해 대학에서는 건축의 종합예술적인 면을 집중적으로 공부하게 되었고, 그 과정에서 자연스럽게 좋은 건축물을 찾아다니며 감상하는 건축여행에 발을 들여놓게 된 것이다. 그로부터 어언 30여년의 세월이 흐른 지금까지, 그동안 얼마나 많은 건축물들과 조우하며, 얼마나 많은 감동을 받았는지 이루 헤아릴 수가 없다. 어떤 때는 너무나 멋진 건축물 앞에 서서 특별히 할 말을 잃고, 그저 '건축을 알게 해주셔서 감사합니다.'라고 마음속으로 기도한 적도 있다.

건축물은 빛과 어우러진 그 자체만으로도 매우 아름답고 신비로운 존재이지만, 나는 그것을 넘어 거기에 사는 인간들의 모습이나 혹은 살다간 흔적을 찾아 즐기려고 노력한다. 자고로 세상에서 '인간사 人間事만큼 흥미로운 것이 없다.'고 했다. '건축물이란 바로 인간사 人間事를 기록하는 테이프 리코더 tape recorder인 것이다.' 어느 건축물을 찾아가, 그것이 탄생되는 배경과 변용 變用·變容되는 과정을 듣고, 그것이 서 있는 주변환경과 구조체와 공간을 살펴보노라면, 그 건축물과 연관된 이들의 인생 궤적이 하나하나 독특한 모습으로 떠오른다. '건축은 인간 人間과 공간 空間과의 관계맺음이 흘러가는 시간 時間 속에서 변용 變用·變容되어 가는 것이다.' 건축이 무엇이냐고 묻는 학생들에게 내가 건축여행의 경험을 되살리며 버릇처럼 들려주는 말이다.

32

시카고의
강낭콩

넓은 들판 한가운데에 커다란 강낭콩 하나가 떨어져 있다. 강낭콩은 강낭콩인데 딱딱하고 커서 먹을 수가 없는 강낭콩이다. 날아가던 새들과 지나가던 동물들이 주위로 모여 들어 한 바퀴 빙 둘러보고는 이내 고개를 갸우뚱거리며 신기한 듯 바라보고 있다. 그러다가 어떤 놈은 부리로 톡 쪼아보기도 하고, 또 어떤 놈은 넌지시 발로 툭 차보기도 한다. 두리번두리번 도대체 신기함과 기묘함이 멈추지를 않는다. 내가 시카고 Chicago 시내 밀레니엄 공원 Millennium Park에 설치된 외부 조형물인 '클라우드 게이트 Cloud Gate, 2006'를 처음 보았을 때 느낀 감상이다.

작가가 누구일까, 누가 이런 재미나는 생각을 했을까? 쉴 새 없이 바쁘게 돌아가는 도시환경의 한복판에 기발한 장난거리 하나를 슬쩍 던져놓고, 오가는 사람들

클라우드 게이트 조형물의 낮 풍경 (일리노이주 시카고 밀레니엄공원)
'구름문'이라는 명칭보다 '강낭콩'이란 명칭이 더 어울릴 듯한 조형물이다. 비가 촉촉이 내리는 날씨인데도 많은 사람들이 몰려들어 구경하고 있다. 카메라 렌즈가 비에 젖을까 노심초사하며 촬영한 작품이다. 나중에 한국으로 돌아와서 TV를 보니 어느 항공사의 광고영상으로 소개되고 있었다.

의 반응을 지켜보며 흐뭇한 미소를 짓고 있을 재치 있고 익살스러운 작가……! 그 주인공은 바로 인도계 영국 조각가인 '아니쉬 카푸어 Anish Kapoor, 1954~ '이다. 클라우드 게이트는 새로운 천년을 기념하는 밀레니엄공원 조형물 공모전에서 약 30명의 다른 예술가들 작품을 제치고 선정되었다고 한다. 자그마치 높이가 10m, 너비가 13m, 무게가 110톤에 이르는 거대한 규모로서, 168개의 스테인리스 Stainless Steel 강판을 용접해서 서로 이어붙인 것이다. 그리고 나중에 그 이음매를 깔끔하게 제거한 후, 표면에 거울효과가 나도록 광택처리 마감을 한 것이 특징이다.

클라우드 게이트 조형물의 밤 풍경 (일리노이주 시카고 밀레니엄공원)

황금색 계란 모양의 조형물에 주변 건축물 야경이 아름답게 비치고 있다. 삼각대를 가지고 가지 않아서, 카메라를 울타리 지지대 위에 올려놓고 자동타이머 장치를 사용해 촬영했다. 조형물 앞에서 애정표현을 하는 젊은이 한 쌍이 눈에 들어온다. 아이 부러워라!

클라우드 게이트 조형물 안에서 밖을 바라본 풍경 (일리노이주 시카고 밀레니엄공원)

지상에 살포시 내려앉은 비행접시 밑으로 들어온 느낌이다. 유선형 프레임 속에 사람이 보이지 않는 순간을 기다리느라 많은 촬영시간이 소요된 작품이다. 오른쪽 두 아저씨는 이야기를 끊임없이 이어나갔기에, 결국은 이 작품에 실리는 '영광'을 얻었다. 뭐든지 꾸준한 것이 좋은 것이리라.

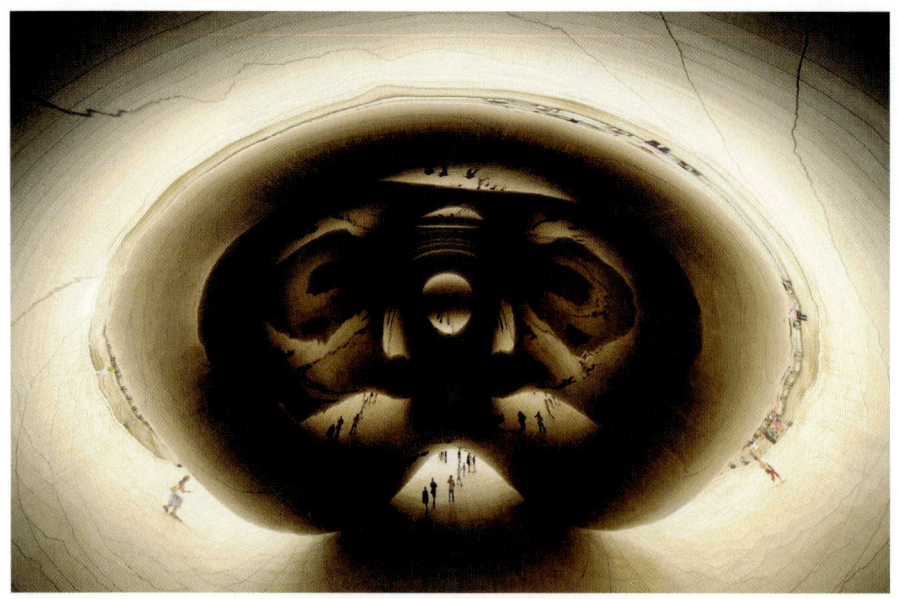

클라우드 게이트 조형물 안에서 위를 바라본 풍경 (일리노이주 시카고 밀레니엄공원)
영락없는 사람의 엉덩이 속 같은 모습이다. 아래쪽에 사진을 촬영하는 필자의 모습이 비친다. 함께 관람하는 가족들도 어디엔가 있을 것이다. 이 조형물은 바깥에서 볼 때는 다양한 얼굴이, 안에서 볼 때는 신비한 느낌을 주는 것이 매력 포인트이다.

클라우드 게이트! 즉 '구름문'이란 멋진 이름을 가졌지만, 내게는 아무리 봐도 그 외형이 강낭콩 Kidney Bean 처럼만 보인다. 어릴 적 우리집에서 자주 밥에 넣어 먹던 반원형 가운데가 쏙 들어간 귀여운 모양의 강낭콩……. 아니나 다를까, 듣자니까 실제 이곳 사람들도 정식 이름보다는 애칭인 '콩 The Bean'으로 부르기를 더 좋아한다고 한다. 그런데 한편으로 가만히 뜯어보면 예쁘게 생긴 사람의 엉덩이같이도 보인다. 특히 높이 3.7m의 아치형 문을 지나 중심부의 배꼽 안으로 진입하면, 영락없이 사람 엉덩이 아래로 들어가 그 위를 올려다보는 듯한 느낌을 받는다. 그리고 거기에서 아치 arch 를 통해 밖을 내다보면 마치 은색의 비행

이동희 교수의 미국건축 이야기

접시 안에 들어와 있는 것 같은 착각에도 빠진다. 우리 딸은 공룡알이라고 한다. 참으로 다양한 상상을 불러일으키는 조형물이다.

클라우드 게이트가 주변에서 흔히 볼 수 있는 다른 조형물들과 뚜렷하게 구별되는 것은, 아마도 자기 몸체에다 주변의 사물들을 비추어 내는 특성을 가지고 있기 때문일 것이다. 즉 시카고의 푸른 하늘과 주변의 고층 빌딩들, 그리고 날아가는 새들과 스쳐가는 인간들 모습을 실시간으로 담아내며, 그들과 대화하고 교감할 수 있는 쌍방향 소통의 장치를 가지고 있기 때문일 것이다. 바로 이 점이 독립된 개체로서 일방적인 감상의 눈길만을 기다리는 여타의 조형물들과는 다른 매력요소라고 할 수 있다. 그렇다고 클라우드 게이트가 주변의 사물들을 단순히 있는 그대로만 받아들이는 것은 아니다. 사물들이 조형물에 비치는 각도에 따라 오목하게, 볼록하게, 기우뚱하게, 또는 상하좌우가 일그러진 모습으로 담아낸다. 그러니 들여다보는 재미가 대단히 쏠쏠한 동시에, 나아가 '아타 我他' 존재에 관한 철학적 사유까지 제공해 준다.

동양적 명상을 즐긴다는 조각가 아니쉬 카푸어! 세계 도처에 널려 있는 그의 수많은 조각작품들에는 "예술적 기교를 최소화하고 사물의 본질을 구현했다."는 평가가 함께 따라다닌다고 한다. 그런 관점에서, 만약 사람들이 즐겨 부르는 '콩'이란 애칭에 외형적으로 즐기는 일차원적인 흥미가 들어가 있다면, 작가가 이름 붙인 '구름문'이란 명칭엔 틀림없이 우주적 차원의 형이상학적 사유가 들어 있을 것이다. 오늘 클라우드 게이트의 거울 표면을 통해 여러 모양의 자기 얼굴을 비춰보는 사람들에게 '순간적 눈요기'와 더불어 '정신적 풍요'가 깃들기를 기대해 본다. 아울러 지나간 천년이 물질문명이 고도로 발전된 시기였다면, 다가올 천년은 정신문명도 그에 걸맞게 성숙하는 시기가 되길 기원해 본다.

33

물결이 춤을 주는 건축

어느 날 건축잡지를 보다가 눈이 번쩍 뜨이는 건축물 하나를 발견했다. 외벽이 하얀 물결로 뒤덮여 부드럽게 흘러가는 듯한 특이한 모양의 고층빌딩이었다. 군데군데 물결이 사라진 자리엔 사각 창들이 드러나 보이고, 그 위로는 파란 하늘이 담겨져 눈부시게 빛나고 있었다. 바다가 생각났다. 남해의 그 옥빛 바닷가……. 맑은 햇살을 마주하고 홀로 명상에 잠겨 있을 때, 얕은 갯벌 위로 부서져 들어오던 하얀 물결들, 그 사이로 언뜻언뜻 가슴을 드러내 보이던 갯빛 바닥들……. 문득 이런 생각이 들었다. 물결 속에서 잠이 들면 과연 어떤 느낌이 들까? 아마도 물결 소리가 자장가처럼 들리고, 그 스치는 보드라움이 마치 엄마의 손결 같지 않을까! 이 물결무늬의 건축물은 거주자가 바로 그러한 느낌을 체험할 수 있도록 설계된 듯이 보인다.

아쿠아 타워 정면 모습 (일리노이주 시카고 시내)

어느 잡지에서 이 건축물 사진을 본 순간 바로 달려가 구경하고 싶은 충동이 일었다. 마치 바닷가 갯벌에서 물이 빠져나갈 때 여기저기에 드러나던 물웅덩이 같은 느낌이었다. 푸른 하늘 아래 요동치는 이 멋진 건축물을 촬영하기까지는 정말 많은 노력이 필요했다. 건축이 '응고된 음악'이라던 말이 실감나는 순간이었다.

아쿠아 타워 상세 모습 (일리노이주 시카고 시내)
잡지책에서 본 바에 의하면, 저 층층마다 휘어진 발코니 어딘가에 멋진 미니 수영장이 설치되어, 아득한 도시풍경을 바라보며 몸을 담글 수 있도록 되어 있다. 이 사진을 촬영할 때는 안개가 가득해서 윗부분이 잘 보이질 않았다. 내가 킹콩이라면 발코니를 계단 삼아 올라가 볼 텐데…….

'아쿠아 타워 Aqua Tower, 2009'라고 이름 붙여진 총 86층에 약 250m 높이의 주상복합 住商複合 건축물. '진갱 Jeanne Gang, 1964~'이라는 미국의 여성건축가가 설계했다. 그리고 독일 건축물 평가회사인 엠포리스 Emporis가 선정한 '엠포리스 스카이스크래퍼 어워드 Emporis Skyscraper Award, 2009'를 수상했다고 한다. 나는 흥분된 마음으로 건축잡지를 덮으며 시카고에 가서 꼭 한번 실물을 보리라고 다짐했다. 그 후 자동차로 장장 16시간이나 걸려서 시카고를 찾아갔다. 호텔도 일부러 그 건축물 근처로 잡았다. 도착해서 짐을 풀어놓기가 무섭게 카메라를 들고 거리로 나섰다. 그런데 아뿔싸, 어쩌면 좋으냐! 비가 내린다. 그것도 막 불어오기 시작한 허리케인 hurricane 을 동반한 폭우이다. 객실로 돌아가 우산을 챙겨 나왔으나 방수막이 위로 뒤집혀져 무용지물이다. 하는 수 없이 호텔방으로 철수해 컵라면을 끓여 먹으며 아쉬움을 달랜다.

저녁 무렵이 되어서야 날씨가 개었다. 또 다시 밖으로 나왔다. 간간이 빗방울이 떨어지기도 했지만, 한시라도 빨리 건축물을 보고 싶은 나의 마음을 붙잡아 둘 수가 없었다. 생각했던 것보다는 건축물까지 가는 데 시간이 오래 걸렸다. 이윽고 저 멀리 흐린 하늘 아래로 어슴푸레 아쿠아 빌딩이 보였다. 참으로 절묘하게 디자인된 건축물이다. 일층에서 삼층까지는 상점과 사무실이 들어 있는 듯 했고, 사층부터는 발코니가 설치된 것으로 보아 호텔과 아파트인 듯 했다. 띄엄띄엄 주거층 창밖으로 불빛이 새어 나와 어둠이 내리는 도시 속으로 사라진다. 때마침 낮과 밤이 교차하는 매직 아워 magic hour, 건축물 야경사진 촬영하기에 딱 좋은 시간이다. 그런데 갑자기 뭔가 허전한 느낌이 들었다. 이런, 삼각대를 호텔에 두고 온 것이 아닌가! 결국 그날 밤 촬영한 사진은 모두 흔들흔들 '흔들이 사진' 이 되었다.

다음 날 아침, 어제의 궂은 날씨를 보상이라도 하듯 새파란 초가을 하늘이 나를 반겨 준다. 이제는 눈을 감고도 찾아갈 정도가 되었다. 아쿠아 빌딩이 가까워질수록 심장의 고동소리가 크게 들린다. 드디어 건축물이 가장 잘 보이는 정면 한복판에 내가 서 있다. 얼마나 바라던 순간인가! 천천히 아주 천천히 고개를 들어 정식으로 그것과 대면하는 시간을 갖는다. 아! 하얀 물결이 부드럽게 넘실거리며 좌우로 춤을 추듯 흘러가고 있다. 차라리 눈을 감는다. 이것이 어떻게 건축이란 말인가, 자연의 일부인 호수나 바다가 아닌가! 건축가 진갱의 부드러운 여성성이 느껴지는 발코니들이, 때로는 넓게 때로는 좁게, 리듬을 타듯 건물을 타며, 시카고의 바람소리를 연주해 내고 있다. 그리고 긴 여행을 떠나 온 한 남성의 메마른 영혼 위로 그 음표들이 단비가 되어 하나둘씩 흩어져 내리고 있다.

자연과 하나가 된 건축

햇볕 쨍, 하늘 푸르다. 나는 지금 미국 피츠버그 Pittsburgh 베어런 Bear Run 의 어느 숲 속 길을 홀로 걷고 있다. 이유는 단 한 가지, 오랫동안 가슴에 품어두었던 주택 하나를 둘러보기 위해서이다. 1982년 건축가가 되려고 공업고등학교에 입학했을 때, 처음 접한 '건축계획' 책에서 불쑥 내 눈길을 잡아끌었던 작품, 바로 '프랭크 로이드 라이트 Frank Lloyd Wright, 1867~1959' 설계의 '낙수장 落水莊, Falling Water, 1936' 건축이다. 이것은 백화점 사업가인 '카프만 Edgar. J. Kaufmann, 1885~1955'의 별장으로서 지어진 것인데, 이후 세계의 건축작품 출판물에 거의 빼놓지 않고 등장하게 된다.

펜실베이니아 Pennsylvania 를 방문교수 연구지로 선택할 때부터 나는 마음속으로 이 건축물을 꼭 찾아가 보리라 다짐했었다. 그러나 여러 가지 사정으로 차일피일

수목들 사이로 바라다 보이는 낙수장 풍경 (펜실베이니아주 피츠버그)

정신을 차려보니 이 유명한 건축물로 들어서는 오솔길을 혼자 내달리고 있었다. 급한 마음에 입구에서 별도의 관람신청이 필요하다는 사실도 잊고 아내와 아이들을 그대로 내버려둔 채, 배낭을 달랑거리며 열심히 자갈길을 쫓고 있었던 것이다. 결국 되돌아가 수속을 밟은 뒤에야 이 건축물을 정식으로 만날 수 있었다.

답사를 미루기만 하다가, 오늘 드디어 방문하게 되니 심장의 콩닥거림이 좀처럼 멈추지를 않는다. 근처 주차장에 차를 세워 놓기가 바쁘게, 아내와 아이들보다 한 걸음 앞서 툭툭툭툭 비포장 길을 내달린다. 건축학을 전공으로 선택한 지도 어언 30년, 그동안 얼마나 많은 건축작품들을 보아 왔던가! 그러나 세상은 한없이 넓고 볼 건축물은 끝없이 많아, 아직도 보고 싶은 작품들이 태산처럼 쌓여 있다. 그래서 여건이 허락되는 한 나의 건축여행은 계속 될 수밖에 없을 것이다.

폭포 위에 척 걸터앉은 낙수장 풍경 (펜실베이니아주 피츠버그)
건축서적이나 인터넷 등에 빠지지 않고 등장하는 낙수장의 대표적 풍경이다. 여름이라 수목이 우거지고 흐르는 물의 양이 적어 멋진 작품을 얻진 못했지만, 그래도 나에게는 땀 흘려 얻은 소중한 노력의 결과물이 아닐 수 없다.

개울과 바로 연결되어 있는 낙수장 계단 (펜실베이니아주 피츠버그)
길게 뻗은 일층 테라스에서 바로 내려갈 수 있는 개울. 여름이면 피라미가 헤엄치고 가을이면 단풍잎이 떠다니는 환상적인 공간이다. 물이 얼마나 사람의 마음을 편안하게 해주던가! 낙수장은 여기저기에 공간적 풍요로움이 차고 넘치는 정말 아름다운 집이다.

진입로가 생각보다 길다. 나뭇그늘이 짙은 데도 이마에 송골송골 땀방울이 맺힌다. 어디선가 또르르륵 개울물소리가 들린다. 이윽고 수직으로 쭉쭉 뻗은 나무들 사이에서 수평으로 쭉쭉 뻗은 낙수장의 '캔틸레버 cantilever, 외팔보' 모습이 보인다. 사진에서는 하얀색으로 보였는데 실제로는 엷은 주황색을 띠고 있다. 얼른 건축물 안으로 들어가고 싶은 마음을 잠시 눌러두고, 일부러 외곽의 오솔길을 따라 아래쪽으로 발걸음을 돌린다. 그림과 사진으로 숱하게 접했던 낙수장의 그 유명한 '뷰포인트 viewpoint'를 보고 싶었기 때문이다. 폭포 위에 척 걸터앉아

나무를 피해 둥글게 처리한 건축부재 (펜실베이니아주 피츠버그)

요즘에야 원래 있던 나무를 살려 공간 안으로 삽입하는 주택설계 기법이 많이 눈에 뜨이지만, 아마도 라이트가 활동하던 시절의 미국에서는 일반적인 방법이 아니었을 것이다. 이 풍경을 마주한 순간, 경주 독락당 담벼락에 솟아 있던 그리고 담양 소쇄원 담장 가운데 남겨두었던 나무가 생각났다. 자연과의 조화를 꾀하는 극히 동양적인 건축조형 수법이라고 할 수 있다.

자연과 교감을 나누는 건축, 낙수장……. 수많은 건축학도들의 가슴을 마구 설레게 했던 바로 그 풍경이다.

그러나 폭포의 수량이 너무 적고 울창한 수목들이 시야를 가린 탓으로, 제대로 된 낙수장 모습을 감상하기에는 명확한 한계가 존재했다. 아쉬운 마음을 달래며 이제 진입구의 다리를 건너 본채로 향한다. 지금까지 만나 보지 못했던 낙수장 전경이 한 눈에 들어온다. 가로 세로로 길게 돌출된 콘크리트 보, 거실에서 개울까지 그대로 연결된 계단, 숲을 향해 시원스럽게 터진 유리창……. 마치 잘 지어 놓은 동양의 누정樓亭 건축물을 대하는 느낌이다. 아니나 다를까 안으로 들어가니 여러 곳에서 일본 분위기가 진하게 느껴진다. 그리고 보니 낙수장은 라이트가 일본에서 많은 감명을 받고 돌아와서 설계했다는 이야기를 전해들은 바 있다.

엄격한 관람규칙을 앞세우며 다소 딱딱하게 안내하는 나이 든 자원봉사자들 태도가 왠지 융통성 부족한 어느 동양 민족처럼 느껴진다. 결국 정해진 코스를 따라 사진 한 장 촬영하지 못한 채 낙수장의 속살 체험을 끝내야만 했다. 건축물 관리와 훼손 방지를 위해 철저하게 규범적 안내를 하는 것도 필요하겠지만, 좀 더 방문자가 건축물과 깊은 교감을 나눌 수 있도록 배려했으면 좋겠다는 생각을 해보았다. 아무튼 이 교통도 불편한 시골의 숲 속 별장을 찾아오는 방문객이 한 해 15만 명이나 된다니 과연 낙수장이 명물은 명물인가보다. 밖으로 나와 긴장된 마음을 풀어놓고 건축물 주변을 천천히 둘러본다. 참으로 아기자기하다. 아빠를 기다리던 딸들이 저만치 낙수장 돌기단 위에 앉아서 가위바위보 놀이를 하고 있다. 카메라를 들어 셔터를 누르려니 그 모습이 그대로 한 폭의 풍경화처럼 느껴진다. 인간과 건축, 그리고 자연이 하나가 된 풍경……. 정말 멋지다. 하늘에 흰 구름 둥실 떠다니고, 오늘 따라 새소리 더욱 정겹다.

35

해질 무렵의
건축

붉은 태양이 마지막 정열을 불태우며 서산으로 넘어간 순간, 끝도 없이 드넓은 대지에 이내 어둑어둑 땅거미가 깔린다. 운전대를 잡은 지 벌써 몇 시간이나 흘렀을까! 사람도 차도 허기가 진다. 아내와 아이들은 각자의 좌석에서 곯아떨어진 지 오래고, 뒤따르던 새들도 제 갈 길을 떠난 지 한참이나 지났다. 오랜만의 가족여행! 이제 마지막 하루 일정을 남겨 놓고 오늘 밤 묵을 곳을 향하여, 미국 중부의 막막한 고속도로를 달리고 있는 중이다. 하늘엔 별 한 점 없고 검은 구름들이 몰려오고 있다.

불빛 하나 없는 어두운 들판을 지나려니 문득 어느 중년 남자 가수가 호소력 있게 불렀던 '고독 최백호, 1983'이라는 노래가 듣고 싶어진다. "산다는 것의 깊고 깊은 의미를 아직은 아직은 나는 몰라도……." 여행을 떠나 밤이 되고 외로워질

해질 무렵의 주유소 풍경 (인디애나주 고속도로 휴게실)
인적이 드문 막막한 고속도로에서 문득 만나게 되는 주유소는 얼마나 반가운가! 연료가 떨어질 것을 걱정했는데 때마침 나타나 준 것이 고맙다. 가솔린을 빵빵하게 채우고 나니 이제는 내 배가 고파 온다. 차량이나 사람이나 그저 움직이려면 먹는 수밖에 다른 도리가 없다.

때면 한 번쯤 흥얼거리게 되는 우수가 깃든 곡이다. 그렇다! 산다는 것의 그 거창한 의미를 나 같은 평범한 사람이 어떻게 알겠냐 만은, 그래도 지금까지의 인생 안에서 모질게 흘려본 몇 방울 눈물 덕으로 고독의 근처까지는 가본 듯하다.

산다는 것은 즐거운 일이기도 하지만 때로는 힘든 일이기도 하다. 남자로 살아간다는 것도 그렇다. 남자로 살아간다는 것은 아들로 살아간다는 것이며, 남편으로 살아간다는 것이며, 또 아버지로 살아간다는 것이다. 그리고 모두에게 길을 안내하는 믿음직한 '등대'로 살아간다는 것이다. 그러므로 남자는 늘 가슴 속에 별을

해질 무렵의 건축물 풍경 (펜실베이니아주 브린모어 이스트 랭커스터 애비뉴)

건축물 야경사진을 촬영할 때는 낮과 밤이 바뀌는 저녁 시간을 선택한다. 자연 태양빛과 인공 조명빛이 함께 어우러져 건축물 외부와 내부가 전부 잘 보이기 때문이다. 그렇지만 그 시간은 아주 짧아서 조금만 방심하면 금방 어두워진다. 따라서 미리 촬영준비를 해두었다가 셔터를 눌러야 한다.

우리가 머물 마을로 들어서는 길 (펜실베이니아주 브린모어 이스트 랭커스터 애비뉴)
짙푸른 밤, 자동차가 긴 여행을 마치고 안식할 동네 어귀로 들어선다. 유리창 밖으로 별모양 가로등 불빛들이 아름답게 빛나고 있다. "얘들아, 불빛 참 예쁘지 않니?"라며 뒤를 돌아보니, 아이들은 드르렁 드르렁 아직도 취침중이다.

품고 살아야 한다. 북극성처럼 반짝이는 별을 품고 살아야 한다. 아니, 나 자체가 별이 되어야만 한다. 어머니의 별이, 아내의 별이, 또 딸들의 찬란한 별이 되어야만 한다. 그런데 지금은 어깨가 몹시 나른하다. 배도 고프고 화장실도 가고 싶다. 마음은 별을 지향하는데 몸은 그저 밥을 지향하는 평범한 아저씨일 뿐이다.

멀리 지평선 근처에서 불빛 하나가 반짝거린다. 마치 별빛 같다. 가까이 다가가니 휴게소에 딸린 주유소의 가로등 불빛이다. 해질 무렵 여행길 어귀에서 만나는 건축물은 왠지 모르게 따스한 느낌을 준다. 예전 고등학교 시절 수학여행에서도 그랬다. 낮에 경주와 포항 등을 구경하고 저녁 때 숙박지인 삼척까지 올라가는 일정이었는데, 늦은 시간 우리는 배고픔과 피곤함으로 얼른 여관에 도착하기만을 학수고대하고 있었다. 이윽고 버스는 태백산맥 고갯마루 위로 올라섰고 아스라이 산 밑의 도시풍경이 한눈에 들어왔다. 그리고 멀지 않은 곳에 여로에 지친 우리를 맞아줄 건축물들이 서 있었는데, 그 따스하고 정겹던 모습을 삼십년 가까이 지난 지금까지도 잊을 수가 없다.

흔히 "인생이란 긴 여행길"이라고 말한다. 거기엔 기쁨과 슬픔이 오가고 낮과 밤이 되풀이 된다. 태곳적부터 낮엔 들판을 달려야 하고 밤엔 안식을 취해야 하는 것이 우리 인간들 숙명이다. 안식을 취하는 데는 밥을 해 먹고 몸을 눕힐 건축공간이 필요하다. 그래서 어쩌면 건축물은 낮보다 밤에 더 긴요한 것일는지도 모른다. 어둠의 고독을 불빛의 안식으로 보듬는 공간, 그런 공간을 품고 있는 존재가 바로 해질 무렵의 건축이다. 거기에서 하룻밤 자고 아침을 맞은 사내들의 두 눈을 살펴보라. 아마도 찬란한 별빛이 한 가득씩 담겨져 있을 것이다.

36

꿈을 꾸는 공간

"꿈을 가져라." 일본에서의 긴 연구생활을 마치고 국내 대학으로 자리를 옮겼을 때, 두근거리는 마음으로 첫 강의에 임하면서 학생들에게 들려준 나의 일성一聲이었다. "여러분은 꿈을 가지고 있나요? 만약 그렇지 않다면 지금이라도 꿈을 가지세요. 꿈은 등대와 같습니다. 인생이라는 한 치 앞이 보이지 않는 어두운 밤바다를 항해하면서, 만약 등대가 없다면 우리는 어디로 나아가야 할런지 방향을 모르게 됩니다. 우리 일상에서 마주치는 여러 사람들의 움직임을 한번 가만히 관찰해 보세요. 꿈을 가진 사람들과 그렇지 않은 사람들과는 걸음걸이가 확연히 구별됨을 느낄 수 있을 것입니다. 꿈이 있는 사람들의 발걸음은 똑바르게 직선적입니다. 그리고 눈길은 한 곳을 지향해서 앞으로 빠르게 나아갑니다. 그에 비해 꿈이 없는 사람들의 발걸음은 이리저리 구불구불합니다. 눈길도 여기저기로 흩어진 채 도대체 어디로 가려는 것인지 방향을 종잡을 수가 없습니다."

꿈을 꾸는 공간 (펜실베이니아주 필라델피아 드렉셀대학 조리과학과 강의실)

드렉셀대학에서 한식을 가르치는 교수님께서 강의풍경 사진이 필요하시다기에 촬영을 맡았다. 오후 4시 30분 빛이 창문으로 비스듬히 들어오는 때이다. 진지한 표정으로 수업에 임하는 학생들 모습이 참으로 인상 깊게 다가왔다. 창가의 부드러운 빛으로 인물을 촬영하면 상당히 매력적인 작품을 건질 수 있다.

"꿈이 큰 사람이 진정한 부자이다."란 말이 있다. 물론 자기의 능력이나 분수에 맞지 않게 꿈만 크다고 다 좋다는 말은 아닐 것이다. 그러나 설령 이룰 수 없는 꿈일지라도 그것을 목표로 해서 앞으로 나아가는 사람과 그렇지 않은 사람들과는 삶의 방법과 질에 있어 커다란 차이가 발생한다. 꿈이 없는 사람들은 오늘 하루를 어떻게 살든 아무런 상관이 없으며, 그저 현재의 주어진 역할만 수행한 후 나머지는 편한 대로 시간을 보내면 그만이다. 그래서는 자신의 인생 안에서 아무 것도 이룰 수가 없다. 특히 가치 있고 후대에 남을 만한 그런 일을 성취해 낼 수가 없다. 물론 "나 좋은 대로, 나 편한 대로 살면 되는 것이지. 뭔 말이 그렇게 많아?"라고 외칠 사람도 있을 것이다. 그리고 그 말은 삶의 방법에 대한 가치관 차이에서 비롯된 것으로서, 결코 잘못된 것이라고 강하게 단정 지을 수 없다.

그러나 그런 사람들에게서는 매력과 향기가 느껴지지 않는다. 세상에서 멋지게 보이는 사람들의 유형을 살펴보면, 자기 일에 뚜렷한 목표와 철학을 가지고 열정을 쏟아 붓고 있는 경우가 대부분이기 때문이다. 그리고 그것이 그와 그 가정만을 위한 것이 아닌, 직접 또는 간접적으로 사회에 공헌하는 일이 될 때 '존경'이라는 단어가 추가된다. 그들은 자기 자신을 적당히 합리화하지 않으며, 지금 이 순간, 오늘, 이번 주, 이번 달, 그리고 올해에 할 일이 명확하게 계획되어 있다. 그러므로 하루를 사는 발걸음이 명확하고 눈은 정면을 응시하며, 결국은 자아 계발과 발전을 이루어 낸다. 그렇다고 그들이 다른 사람들에게 인색하거나 교만하게 행동하는 것은 아니다. 목표를 향하여 힘겹게 노력해본 사람들은 대체적으로 '수고의 깊은 가치'를 깨달아 알고 있고, 그 결과 스스로 겸손하여 남을 함부로 대하는 일을 삼가기 때문이다.

꿈을 가슴에 품은 전등 (펜실베이니아주 브린모어 레드윈아파트)
미국 가정에서는 천장에 달린 직접조명 대신 갓을 씌운 간접조명을 많이 사용한다. 오렌지색 전등갓 속에 숨은 흰 백열전구를 일부러 오른쪽 편으로 배치해 촬영했다. 사진구도에서는 피사체를 중앙보다 좌우 한쪽 편으로 배치시킬 때, 훨씬 더 조화롭게 보이는 경우가 많다.

바야흐로 가을이다. 인간은 주어진 욕망에 따라 하루하루를 소비하며 사는 뭇 동물과는 구별된다. '호모사피엔스 Homo Sapiens', 즉 '생각하는 사람' 으로서, 나는 '주어진 인생을 어떻게 살아갈 것인가, 수많은 사람들 속에서 어떤 존재로 남을 것인가!' 에 대한 진지한 자기 성찰을 하기에 참으로 좋은 계절이다. 오늘 미국 드렉셀대학 강의실에서 한식 韓食 강좌에 참여한 여러 학생들의 모습을 사진으로 기록하면서, 나는 그들의 지적호기심 탐구에 대한 진지한 열정과 열의에 감동한다. 그리고 석양빛을 받아 불그스레 홍조를 띤 학생들의 빛나는 얼굴 위에서 소리 없이 쌓여가는 인류의 문명사 한 자락을 읽는다. 아! 바쁜 가을이다.

오늘 내가 촬영한 사진 한 장도 훗날 역사의 한 페이지로 장식될 것이다. 힘을 내자.

어느 독자로부터의 편지

미국에 방문교수로 나와 있는 동안 한국 대학으로 배달된 우편물들이 걱정되기에, 연구실의 제자에게 사진을 찍어 보내달라고 부탁했다. 정기적으로 오는 출판물을 제외하고 조금 검토가 필요한 것들이 이십여 통 넘게 이메일로 들어왔다. 그 중에서 조금 낯선 편지봉투 하나가 눈에 띄었는데, 또박또박 단정하게 눌러 쓴 필체가 아마도 학생일 것이란 생각이 들었다. 다시 제자에게 연락해서 스캔scan한 것을 받아보았더니, 역시나 어느 학생이 적어 보낸 개인적인 편지였다. 그런데 발송인을 보니 뜻밖에도 대학 내부가 아닌 인근 고등학교의 어느 여학생이었다. 편지 주인공의 허락을 받아 그 내용의 일부를 공개하면 다음과 같다.

"교수님 안녕하세요? 저는 ○○여고 일학년에 재학 중인 학생입니다. 제 꿈은

예일대학 베이네크 희귀문헌 도서관 앞을 걷고 있는 여학생 (코네티컷주 뉴헤이븐 예일대학)
건축물의 파사드(facade)는 각각 사각형으로 분절되었는데 그 안쪽에는 육각형의 그림자가 드리운다. 건축가 '고돈(Gordon Bunshaft, 1909~1990)'은 대리석을 종잇장 같이 요리해 도서관 안까지 빛이 투과되도록 만들었다. 고서(古書)에 직사광선이 바로 비치는 것을 막기 위한 채광방식이다. 건축전공자가 촬영한 건축물 사진을 일반인의 것과 비교해보면, 구도가 좌우대칭으로 건축물 중심선을 따라 딱 맞춰져 있는 경우가 많다. 건축물 사진은 촬영하는 위치가 따로 정해져 있다는 것이 필자의 생각이다.

건축가가 되는 것입니다. 중학교 삼학년 때 우연히 건축학과 대학생이 인터넷에 올린 '나의 대학생활'이란 글을 보고서 건축가에 대해 흥미를 가지기 시작했습니다. 그 후 건축학 및 건축가와 관련된 여러 가지 서적을 접하면서, 점점 더 건축가가 되고 싶다는 생각을 확고히 다지게 되었습니다. (중략) 얼마 전 우연히 신문을 보다가 교수님께서 쓰신 '제3의 피부, 건축'이라는 건축에세이 글월을 읽게 되었습니다. 건축을 피부라고 비유하신 점이 굉장히 인상 깊었습니다. 저는 평소에 건축물 사진을 스크랩해서 보관하는데, 교수님 글도 스크랩해서 두고두고 읽곤 한답니다. 제가 이렇게 편지를 드리는 이유는 건축가라는 직업에 대해 교수님과 면담을 나누고 싶기 때문입니다. 가을소풍으로 순천대에 견학을 갔는데, 저는 건축학과를 선택해서 방문했습니다. 그러나 조교 선생님으로부터 간단한 학과 설명만 듣고, 교수님을 만나 뵙지 못한 것이 매우 아쉬웠습니다. 바쁘신 중에 이런 부탁을 드리는 것이 실례가 될 수도 있지만, 교수님께서 허락해 주신다면 꼭 찾아뵙고 이야기를 나눠보고 싶습니다. 건축가가 되겠다는 학생의 꿈을 키워주신다고 생각하시고, 저의 부탁을 받아들여 주셨으면 좋겠습니다. 그럼 안녕히 계세요."

나는 이 편지를 읽고서 가슴이 뛰었다. 중학교 시절, 시인이 되기를 꿈꾸던 내가 건축가가 되기 위해 공업고등학교 건축과로 진학하던 시절과, 지금 이 여학생이 앞으로 나아가려고 하는 진로가 우연이지만 상당히 겹쳐 보였기 때문이다. 그 때는 나도 막 건축가로의 꿈을 꾸기 시작하는 단계였다. "건축은 지구를 조각하는 일이다. 그러므로 건축가는 세상에서 가장 큰 예술품을 만드는 사람이다." 당시에 참 즐겨 마음에 담아두었던 말이다. 나는 답장에서 "우선 세계적인 건축가가 되리라는 꿈을 강하게 갖는 것이 필요합니다. 꿈은 일상의 모든 행동들을 지배하기 때문에, 꿈이 확고하면 그에 걸맞은 노력을 하게 되어 있습니다.

예일대학 여학생이 설계한 베트남 참전용사 기념비 (워싱턴 DC)
이곳을 방문한 때가 공교롭게도 전쟁 등의 군사작전으로 사망한 사람들을 기리는 날, 즉 '메모리얼 데이(Memorial Day)'였다. 수많은 사람들이 베트남 참전용사들의 안타까운 넋을 기리기 위해 기념비를 찾았다. 검은 석벽과 알록달록한 인파가 어우러져 하나의 독특한 풍경이 만들어졌다.

참고적으로 저는 중학교 3학년 때 그 꿈을 가졌고, 지금까지 쉬지 않고 달려오는 중이랍니다. 특히 요즘에는 세계적으로 여성 건축가들이 많은 두각을 나타내고 있습니다. 예전의 건축작품들에 남성적인 면이 많이 녹아 있었다면, 지금은 부드러운 여성적 가치와 감성이 더욱 개성을 발휘하는 시대이기도 합니다."란 취지의 글을 적어 보냈다. 학생으로부터 편지가 배달된 지 십여 개월이나 지난 후의 늦은 답장이었다.

문득 지난 봄 예일대학에 갔던 때가 생각난다. 저 유명한 건축물인 '베이네크 희귀문헌 도서관 Beinecke Rare Book and Manuscript Library, 1963' 앞에서, 벽체에 창 대신 붙은 하얀 대리석들이 봄 햇살에 밝게 부서지는 모습을 감상하고 있으려니, 머리를 질끈 뒤로 동여맨 여학생 하나가 커피를 손에 들고 씩씩하게 그 앞을 지나갔다. 그래서 "세계적인 명문대학 여학생은 저렇게 걸음걸이도 참 당당하구나!" 라고 생각하다가, 갑자기 어떤 여성 건축가 한 명의 얼굴을 떠올리게 되었다. 바로 '마야 린 Maya Lin, 1959~ '이다. 약관 스물 한 살의 예일대학 학생 신분으로서, 워싱턴 DC Washington, D.C. 의 '베트남 참전용사 기념비 Vietnam Veterans Memorial, 1982' 설계 공모전에서 일등을 차지했던 사람이다. 그녀의 작품은 두 개의 길고 검은 석벽을 땅 바닥에 'V자' 형태로 박아 넣는 것이었는데, 처음에는 전통적이고 웅장한 것을 원했던 권위적인 사람들로부터 혹평을 받기도 했다. 그러나 그녀는 "추모시설이란 전사한 사람을 미화하여 남에게 자랑하는 형태가 중요한 것이 아니고, 그 사람의 가족이나 친구가 찾아와서 조용히 슬픔을 달랠 수 있는 장소여야 한다." 는 자신의 신념을 꿋꿋하게 관철시켜 나갔고, 그 결과 지금은 많은 방문자들에게 사랑받는 귀한 조형물이 되었다.

이번에 나에게 편지를 보내온 여학생도 자신의 뜻이 매우 명확하고, 그것을 용기 있게 실천해 나가는 추진력을 지녔을 것으로 생각된다. 왜냐하면 편지 내용의 앞뒤가 분명하고, 얼굴도 모르는 필자에게 과감하게 이야기를 청하는 자세에서 그런 능력들이 읽혀지기 때문이다. 나는 이 여학생이 장래에 좋은 건축교육을 받아서 꼭 자신의 꿈을 실현해 나갈 수 있기를 진심으로 기원한다. 가을바람이 차다. 그러나 이런 독자들이 있어 나의 가슴은 여전히 따뜻하다.

미국에서 한국전통건축 사진전을 열며

미국에 체류하면서 도서관과 서점을 들릴 때마다 느끼는 것은 한국건축에 관한 문헌자료를 거의 찾아볼 수가 없다는 점이다. 세계건축이나 동양건축을 다루는 부분에서도 중국건축이나 일본건축이 대표적으로 실려 있고, 한국건축은 아예 생략되거나 다른 나라와 비교가 안 될 정도로 미미하게 취급되어 있다. 이런 사정은 미국 대학의 건축학 교육에 있어서도 마찬가지이다. 중국과 일본의 건축은 그것을 연구하는 학자들이 적지 않고 관련강좌도 개설되어 있는 데 반해, 한국건축은 그 위상이 철저하게 변방에 머물러 있으며 전혀 관심의 대상이 되지 못하고 있다. 그렇다면 한국건축은 같은 동아시아 국가인 중국이나 일본에 비해서 그 수준이 현저히 뒤떨어지는 것일까? 더 나아가 많은 사람들이 이야기하듯 그들 건축의 한 아류로서 취급되어져도 아무런 문제가 없는 것일까? 나는 전혀 그렇지 않다고 잘라 말하고 싶다.

한국건축 관련서적이 적은 미국의 대학도서관 (펜실베이니아주 필라델피아 펜실베이니아대학)

'프랭크 헤이링(Frank Heyling Furness, 1839~1912)'이 설계한 펜실베이니아대학 '피셔 파인 아트 도서관(Fisher Fine Arts Library, 1888~1891)'이다. 미국의 여러 도서관들을 방문해보면 중국건축이나 일본건축 관련서적은 제법 많은데 한국건축 서적은 좀처럼 찾아보기가 힘들다.

한국건축이 왜소하거나 초라해 보인다고 말하는 경우는 대개 외형적인 크기와 넓이 그리고 장식적 요소에만 집착하기 때문이다. 한국건축은 '겸손의 건축'이다. 오랜 역사 속에서 자연과 인간은 하나라는 사상을 가지고, 결코 자연을 침해하면서까지 자신의 건축을 드러내려 하지 않았다. 또한 건축도 자연의 일부로 생각해서, 잠시 그 품에 살짝 머물렀다가 사라지는 것이 옳다는 철학을 가지고 있었다. 그래서 처음부터 산과 들을 제압하는 거대한 건축물을 만들지 않았으며, 그 형태 또한 인위적인 직선을 배제하고 자연계의 곡선을 따르는 것을 즐겼다. 그런 까닭으로 건축물의 규모가 크지 않은 것이며, 깔끔하게 다듬지 않은 재료들을 사용하는 것이다. 그러나 자세히 들여다보면, 인간을 속박하거나 공허하지 않게 하는 절묘한 크기의 공간들이, 드러나지 않는 은근한 기교와 멋들어진 해학을 바탕으로, 연속적이며 예술적으로 조성되어 있음을 발견할 수가 있다.

우리가 진정으로 주목해야 할 한국건축의 매력은 그 속에 녹아들어 있는 놀라운 정신성의 구현에 있다. 오천년을 자랑하는 한국의 오랜 역사 속에서, 한국인들의 심성을 지배해온 불교와 유교는 기본 생활철학으로 자리 잡은 동시에, 훌륭한 건축문화유산을 탄생시키는 원천이 되었다. 현세와 내세로 이루어진 우주관, 자연과 인간의 합일사상, 다른 생명체와의 공생관계, 사람 중심과 타인 배려의 인본주의적 사상 등은 각종 한국건축의 조형원리로서 적용되었다. 오늘날 한국에 남아 있는 전통마을과 궁궐·관아·향교·서원·서당·사찰·주택·누정·정려旌閭 등의 건축물 속에는 그와 관련된 고도의 정신세계가 투영되어 있다. 그리고 그런 것들은 겉에서 대충 훑어봐서는 읽어낼 수가 없으며, 본격적인 관심과 적당한 공부가 뒤따라야 제대로 이해할 수 있다.

그러나 우리는 지금까지 이런 방향에서 한국건축에 대해 접근해볼 기회를 별로 많이 가지지 못했다. 그것은 건축을 단지 살아가는 데 필요한 공학적 산물 정도로만 생각했지, 정신적이고 예술적인 작품으로는 그다지 인식하지 않았던 때문이리라. 우리 건축 전공학자들도 학문적으로는 큰 관심을 기울여 열심히 연구를 거듭해 왔지만, 일반인들에게 좀 더 쉽고 재미있게 소개하려는 노력을 충분히 했다고 말할 수 없다. 그런 까닭에 오늘날 한국의 훌륭한 건축문화유산들은 사람이 더 이상 살지 않는 박제된 공예품처럼 남아 있거나, 전국의 산야에서

한국전통건축 사진전이 열린 메인빌딩 전경 (펜실베이니아주 필라델피아 드렉셀대학)
'조셉 윌슨(Joseph Miller Wilson, 1838~1902)'과 '헨리 윌슨(Henry W. Wilson, 1844~1910)' 형제가 설계한 드렉셀대학의 상징적 건축물인 '메인빌딩(Drexel Institute of Technology, 1888~1891)'이다. 이곳에서 한국 전통건축을 소개하는 필자의 사진전이 열려, 많은 미국 주류사회 사람들이 다녀갔다.

한국전통건축 사진전이 열린 스웨덴버그 도서관 전경 (펜실베이니아주 브린애슨 브린애슨대학)
많은 사람들의 성원으로 이 도서관에서 사진전을 개최하게 되었다. 아담한 크기의 건축물 안에 한국전통건축 사진들이 멋지게 전시되어, 많은 대학 구성원들과 마을 주민들이 다녀갔다. 규모는 작았지만 성과가 매우 컸던 전시회였다.

우리도 모르는 사이에 조용히 사라져가고 있는 중이다. 아니 심지어 몇몇 건축물들은 그 가치에 대해 더 알아볼 기회도 갖지 못한 채, 우리 스스로 불도저로 밀어 버리거나 불을 놓아 태워 버리는 우를 범하고 있다. 그 결과 현재 대한민국의 전 국토는 획일화된 고층아파트와 무국적 건축물들로 뒤덮여가는 상태이며, 이 땅의 환경과 문화를 이해하지 못하는 일부 유명 외국건축가들의 작품 전시장으로 변해가고 있는 중이다.

한국건축! 특히 지은 지 오래된 한국전통건축물은 더 이상 한국인들 것만이 아닌

한국전통건축 강연회가 열린 스웨덴버그 도서관 내부 (펜실베이니아주 브린애슨 브린애슨대학)
이곳에서 한국전통건축 강연회가 끝난 뒤, 참석자들은 한국건축이 중국 및 일본 건축물들과 어떻게 다른지에 대해 날카로운 질문을 쏟아냈다. 그리고 총장님은 즉석에서 온돌 시스템을 브린애슨대학 건축물에 적용할 수 있는지 검토해보라는 지시를 내리기도 했다.

세계 인류가 함께 보존해 나가야 할 훌륭한 문화적 자산이다. 더욱이 지금 지구촌의 건축행태는 자연환경 오염, 동식물 서식처 침해, 선진국 건축 일방주의, 재화창출 도구화, 실제 사용자 배제 등의 문제로부터 자유롭지 못한 실정에 놓여 있다. 이런 상황에서 깊은 정신적 사유를 바탕으로 한 한국전통건축의 조형원리는 세계 건축계가 직면한 과제 해결에도 일정한 역할을 할 수 있을 것으로 기대된다. 그리고 그 같은 점은 유네스코 UNESCO가 한국전통건축의 가치에 눈을 뜨고 심도 있는 조사를 통해, 하나하나씩 세계유산으로 등재하고 있는 과정에서도 잘 증명되고 있다. 나는 초야에서 허물어져가는 이름 없는 한국전통건축물들을 고려청자나 이조백자처럼 다른 나라로 옮겨가서 전시하면 좋겠다는 생각을 하고 있다. 우리 건축은 분해와 조립이 가능한 까닭이다. 한국의 어디에선가 해외 유출용 전통건축물이 정해졌다면, 외국의 미술관이나 박물관 관계자들이 앞 다투어 사가려고 모여들고, 실제 건축물을 구하지 못한 나라에서는 복제품이라도 만들어서 자국에 전시하는 그런 상황을 지켜보고 싶다.

이번 미국에서의 한국전통건축 미학 사진 전시회는 한국전통건축에 대한 미국인들의 관심을 불러일으키는 것이 최종목표이다. 나아가 미국이 세계 각국 사람들이 끊임없이 드나드는 곳이고 다른 나라에 많은 영향을 끼치는 국가이므로, 이곳에서의 한국전통건축 소개가 그것을 세계로 가장 빨리 전파시키는 지름길이 될 것이라 믿고 있다. 아울러 우선적으로 한국 동포들, 특히 이세 및 삼세 젊은이들에게 우리 건축문화에 대한 자긍심을 고취시켜, 그들을 통해 한국전통건축을 세계의 친구들에게 연이어 홍보하게 하려는 의도도 가지고 있다. 현재 아시아를 넘어 세계 속으로 거세게 불어가고 있는 '한류' 바람을 따라, 한옥으로 대표되는 우리의 우수한 전통건축 문화가 한식·한복·한글 등과 더불어서, 본격적으로 해외에 뿌리내리는 계기가 되길 조심스럽게 기대해 본다. 그리고 그러한 해외에서의 평가가 다시 한국으로 역수입되어, 우리 국민 스스로가 전통건축의 가치를 새삼 깨닫고 보전하려는 노력으로 이어지는 동시에, 앞으로의 건축문화를 끌어올리는 데 중요한 자극제로 활용되기를 진심으로 기원한다.

나의
한국전통건축 사진

중학교 시절 시인이 되는 것이 꿈이었다. 그러던 내가 공업고등학교 건축과로 방향을 전환한 것은 대학에 진학할 수 없는 불우한 가정환경 때문이었다. 그 무렵 처음으로 자발적인 의지에 의해 카메라를 빌리고, 주변의 논밭들과 일터에서 돌아오는 사람들을 촬영했던 것이, 지금까지 계속 사진과 함께 하는 계기가 되었다. 또한 건축예술의 조형성이 사진과 마찬가지로 빛과 그림자로 인식된다는 점에서, 건축공부에는 사진작업이 필수적으로 따라다니게 되어 자연스럽게 사진촬영을 이어오고 있는지도 모르겠다.

이번에 미국에서 전시되는 일련의 사진들은 한국전통건축을 미학적으로 촬영한 작품들이다. 내가 전통건축에 관심을 가지게 된 시기는 대학 건축공학과 일학년 때 '한국전통공간연구회'란 학술동아리에 가입하면서부터이다. 당시에는

한국전통건축 사진전 풍경 (펜실베이니아주 필라델피아 필립제이슨 갤러리)
서재필 박사 기념병원에 딸린 갤러리이다. 전시회 개막식 날, 발 디딜 틈 없이 많은 사람들이 찾아와 사진작품을 관람하고 축하해 주었다. 재미동포님들께서 음식 준비에 악기 공연까지 해주신 덕분으로, 내내 즐거운 잔치 분위기가 이어졌다.

전통건축을 미학적 관점보다는 학술적 관점에서 접근하여, 그에 대한 역사적 지식을 습득하거나 실측도면을 그리는 작업이 주를 이루었다. 그 후 일본에서 오랫동안 유학생활을 거쳐 박사학위를 취득하고 국내로 돌아와 시간강사를 하던 중, 무슨 이유 때문인지 자신도 모르는 사이에 전통건축의 매력 속에 푹 빠져들었다.

아마도 일본을 필두로 한 숱한 해외의 유명 건축들을 답사하면서 자연스럽게 솟아난 우리 건축에 대한 관심 때문이었는지, 아니면 학생들의 현장학습을 위해 찾아간 전통건축에서 받은 특별한 감동 때문이었는지는 정확하게 기억나지 않는다. 아무튼 그 이후로 시간만 나면 혼자 또는 가족이나 학생들을 데리고 전국에 흩어져 있는 각종 전통건축들을 찾아다니며 견학과 촬영을 병행했다. 그리고 횟수가 거듭됨에 따라 차츰 겉에서 보이는 구체의 형태보다는 안에서 느껴지는 공간의 미학을 찾게 되었으며, 나아가 건축가의 정신과 사용자의 흔적을 찾으려고 노력하게 되었다. 전시회를 위해 본격적으로 전통건축 사진을 촬영하기 시작한 것은 2000년부터이다. 물론 이전에도 십여 대의 카메라가 내 손을 스쳐가고, 그와 함께 엄청난 양의 필름이 소비되었지만, 대개 예술성보다는 기록성을 우선해서 촬영한 것들이라 말할 수 있다.

전통건축을 촬영하던 초기에는 사람이 아무도 없을 때를 기다려, 존재하는 그대로의 건축물 전경이나 내부 공간을 담는 것을 즐겼다. 그러나 어느 때부터인가, 그것이 왠지 어색해 보이고 뭔가 불완전하다는 느낌을 갖게 되었다. 그리고 그 이유를 곰곰이 생각해본 결과, 결국 '인간이 빠져있기 때문' 이라는 사실에 눈을 떴다. "건축이란 인간의 생활을 담는 그릇이다." 또한 살아있는 유기체로서 인간과의 관계를 통해 연명되는 존재이다. 그러므로 건축에서 인간이 배제된다면

관람객들에게 사진작품을 설명하는 모습 (펜실베이니아주 필라델피아 필립제이슨 갤러리)
필자가 전시장을 찾은 미국학생들에게 한국전통건축의 아름다움에 대해 설명하고 있다. 방문자들은 "한국에도 이렇게 멋진 건축물이 있었느냐"며 크게 감동하는 경우가 많았다.

그것은 단지 무미건조하게 박제된 오브제 objet 에 불과할 뿐이다. 예를 들면, 실제 인간의 삶이 배제된 채 운영되는 한국의 많은 민속마을에서 느끼는 황량하고 경박한 풍경과 같은 것일지도 모른다.

그런 까닭으로 나는 건축사진 작품에 의도적으로 인간을 함께 담으려고 노력한다. 그것은 기존의 전통건축 사진작가들이 대부분 인간을 배제하고 촬영했던 것과는 다소 다른 방식이다. 한국전통건축은 인간의 신체 크기에서 과도하게

한국전통건축 사진전 풍경 (펜실베이니아주 필라델피아 린클리프 갤러리)
사람들 통행량이 가장 많다는 복도식 갤러리에서 한국전통건축 사진전이 열렸다. '드렉셀 컬렉션(The Drexel Collection)' 측이 모든 전시비용을 부담해, 작가초청 형식으로 장장 한달 보름 동안에 걸쳐 개최한 비중 있는 행사였다.

벗어나지 않는 범위 내에서 공간의 크기가 설정되어 있다. 그러므로 그 공간 안에 인간이 담겨 있는 풍경사진은 매우 조화로워서, 전통건축의 미를 한층 더 아름답게 표현할 수 있는 좋은 수단이 된다. 또한 그것은 1982년 고등학교 시절부터 시작된 오랜 건축공부에서 "건축이란 인간 人間과 공간 空間의 관계 맺음이 흘러가는 시간 時間 속에서 변용 變用·變容 되어 가는 것이다." 라고 내 나름대로 건축에 대한 정의를 내리고 있는 것과도 무관하지 않다.

인간 人間·공간 空間·시간 時間의 '삼간 三間'은 건축에 대한 나의 철학이 집약된 단어이다. 인간과 공간의 만남이 현재적이고 평면적인 개념이라면, 거기에 시간이 보태짐으로써 비로소 미래적이고 입체적인 개념으로 승화된다. 즉 인간과 공간의 만남이 움직임의 날개를 달아 흘러가는 시간 속에서 날아다니게 되는 것이다. 사진작품 속의 전통건축들은 대부분 수백 년의 역사를 가졌으며, 그 공간마다에는 인간들과 함께 했던 수많은 '생활의 흔적'들이 아로새겨져 있다. 그런 의미에서 '건축은 인간의 생활을 기록한 테이프 리코더'라고 할 수 있을 것이다. 나는 건축물 어디엔가 남겨져 있는 그런 흔적들을 발굴해 카메라로 담아내는 것을 즐긴다. 즉 지나간 역사 속의 시간을 꺼내어 사진 속에 붙들어 두는 것이다. 그러면 옛 시간은 다시 새 생명을 얻어 미래를 향해 나아가게 된다.

건축물은 아침과 점심과 저녁, 봄과 여름과 가을과 겨울, 그리고 맑고 흐린 날씨 등에 따라 그 모습이 변화한다. 정확하게 이야기하면 빛의 성질에 따라 건축에서 느껴지는 형태나 공간의 분위기가 달라지는 것이다. 나의 사진에 있어 빛이란 시간의 또 다른 표현이다. 한낮의 파란 하늘에서 쏟아지는 강렬한 빛, 새벽이나 저녁 무렵의 어슴푸레 희미한 빛, 마당이나 중정으로 내려오는 맑고 고운 빛, 문창으로 부서져 들어오는 밝고 신성한 빛, 창호지로 한번 걸러낸 부드럽고 온화한 빛……. 이러한 빛들은 한국전통건축에 참 잘 어울리며, 그만의 독특한 색감을 만들어내는 요인이 된다. 왜냐하면 전통건축은 돌과 흙과 나무로 대표되는 자연재료로 구성되어 있어, 이런 빛들을 적당하게 흡수 또는 반사해 내는 성질을 지니고 있기 때문이다. 전통건축을 촬영하던 기존의 사진작가들이 대부분 흑백으로 표현하기를 즐겼다면, 나는 그런 이유로 인해 가능하면 전통건축의 원래 색깔을 있는 그대로 담아내고자 노력한다. 그것은 내 사진작업의 출발점이 전문 사진작가가 아닌 건축학자로서인 점을 고려할 때 어쩌면 당연한 것인지도 모른다.

한국전통건축 사진전을 관람하는 미국인 (펜실베이니아주 필라델피아 린클리프 갤러리)

사진에 등장하는 건축물의 최초 건립연도는 물론 중축·개축 연도까지 정확하게 따지던 전문 큐레이터의 관록 있는 얼굴이 새삼 떠오른다. 전시회 중간에 찾아갔더니 "이 교수의 한국전통건축 사진은 매우 독특하고 감동적이다. 전시장에서 기념사진을 찍는 사람들도 있으며, 팸플릿을 가져다 놓으면 금방 다 가져간다."며 상기된 표정으로 말했다.

한국전통건축의 특징 중 하나는 여러 건물들이 일정한 축이나 질서에 의해 배치되고, 그 중간 부분에 크고 작은 마당들이 위치하는 점이다. 그리고 마당으로부터의 시선과 동선들이 마루를 거쳐 방으로 연결되고, 다시 창호를 통해 저 멀리의 들과 강과 산으로 이어진다. 한국전통건축에서는 결코 자연을 소유하려 하지 않는다. 자연을 있는 그대로 두고 열려진 건축공간을 통해 정원처럼 즐기는 방식을 취한다. 그것은 같은 동아시아 국가이지만, 자연을 정복하려는 중국과 자연을 소유하려는 일본의 건축특성과 명확하게 구별되는 것이다. 이런 점에서 한국전통건축 사진은 문이나 창, 또는 개방된 한쪽 공간의 틀을 통하여 바라보는 시각이 더욱 짜릿한 미학적 볼거리를 제공해 준다. 그래서 나의 사진작품 속에는 그 같은 앵글 angle로 촬영된 것들이 적지 않다.

나의 전공은 원래 건축계획 및 설계이다. 건축가로서 건축을 튼튼하고, 편리하고, 아름답게 설계하는 것이 사명이다. 튼튼하고 편리한 것을 위해서는 형학 形學에 대한 공부가 있어야 하고, 아름다운 것을 위해서는 미학 美學에 대한 의지가 있어야 한다. 그리고 건축을 사진으로 담아내기 위해서는 시학 詩學에 대한 경지까지 나아가야 한다. '형학은 몸을 편하게 해주고, 미학은 눈을 즐겁게 해주고, 시학은 가슴을 울려주는 역할을 하기 때문이다.' 건축과 사진을 통해 나는 어린 시절 꿈꾸었던 시인의 길을 다시 걷고자 한다. 이제는 '로버트 프로스트 Robert Lee Frost, 1874~1963'의 시 詩 '가지 않은 길 The Road not Taken, 1916'에서처럼, 고민과 번민을 거듭했던 지난날들을 과감하게 역사 속으로 흘려보낸다. 건축가와 사진가와 시인의 길이 서로 다르지 않고, 결국은 한 길이라는 것을 인생 중반이 되어서야 겨우 깨달은 때문이다. 가을 낙엽들이 떨어져 전시장 건물 한편에 소복이 쌓인다. 그러고 보면 한국전통건축은 가을과 참 잘 어울리는 존재이다.

40

뉴욕을
걷는다

가을 날씨가 화창하다. 버스를 타고 뉴욕에 도착해 수많은 행인들 틈바구니에 끼어 구석구석 골목을 휘젓고 다닌다. 바라보는 곳마다 그동안 책과 인터넷으로만 접해 왔던 유명 건축물들과 마주치게 되니 건축학자로서 이보다 더 즐거운 일이 또 있으랴! 도시에 사는 인간들 삶이 모두 그러하듯이 건축물마다에도 나름대로 깊은 사연들이 숨겨져 있다. 건축가들은 뉴욕을 "근대건축의 보고寶庫"라고 이야기 한다. 아마도 19세기와 20세기를 대표하는 건축물들이 한 블록 block 건널 때마다 나타나기 때문일 것이다.

카메라 가방을 둘러메고 주위를 두리번거리며 미끈한 시멘트 포장길을 걷고 있으려니, 저 멀리서 영국 출신의 세계적인 건축가 '노먼 포스터 Norman Robert Foster, 1935~ ' 가 설계한 '허스트 타워 Hearst Tower, 2006' 가 눈에 들어온다. 182m 높이의

허스트 타워를 바라보며 걷는 길 (뉴욕 맨해튼 거리)
뉴욕은 참 알 수 없는 곳이다. 도시 분위기가 거칠어 무서운 느낌이 들 때도 있지만, 뭘 해도 용서가 되는 자유가 있기에 해방감과 일탈감을 동시에 맛볼 수 있다. 세계에서 찾아온 각양각색의 수많은 사람들을 용광로처럼 녹여내는 이 낯선 거리를 오늘도 나는 혼자 걷고 있다.

연속 삼각형 골조로 구획된 유리벽 몸체에 파란 하늘이 가득 담겨 있다. 용수철처럼 생긴 골조들이 금방이라도 하늘로 툭 튕겨져 올라갈 것만 같다. 그 모습이 주위의 다른 건축물 유리창에 반사되어 이 거리에 적절한 긴장감을 제공해 주고 있다. 그러고 보면 도시의 활기는 인간들에게서 뿐만이 아니라 건축물들에서도 뿜어져 나오는 것인가 보다.

허스트 타워는 1928년 오스트리아 출신의 건축가 '요셉 어번 Joseph Urban, 1872~1933'에 의해 설계된 6층짜리 건축물에, 2006년 노먼 포스터가 46층으로 증측 설계해서 지금의 멋진 모습을 갖추게 되었다. 예전에 완공된 저층부분은 주로 벽돌과 돌로 이루어져 있고 새로 건축된 상층부분은 유리와 철로 구성되어 있어, 시대에 따른 건축재료의 변화를 한 눈에 살펴볼 수가 있다. 한편 종래에는 건축물을 구성하는 기본 모듈 modul이 주로 격자 grid형으로 된 경우가 많았는데, 요즘에는 구조기술의 발달로 다각형과 구형 등 비격자형 diagrid 사용도 많이 늘어나는 추세이다. 허스트 타워는 기존의 저층부분엔 격자형을 채용하고 상층부분엔 비격자형을 적용해, 입면 파사드 pacade의 아래 위가 과거와 현재를 상징하는 요소로 강하게 대비되는 효과를 만들어 내고 있다. 아울러 이 건축물은 시공·관리·운영 등에 있어 여러 가지 에너지 절감대책을 훌륭하게 구사하여, 미국의 '그린빌딩위원회 USGBS: U.S. Green Building Council'로부터 '친환경건축물 LEED: Leadership in Energy and Environmental Design' 골드 Gold 인증을 받기도 했다. 따라서 안과 밖 모두가 현대 하이테크 건축 high-tech architecture의 첨단을 달리고 있는 건축물이라고 할 수 있다.

발걸음은 어느새 뉴욕의 현대미술관 '모마 MoMA: The Museum of Modern Art, 2002'로 향하고 있다. 1939년 '필립 존슨 Philip Johnson, 1906~2005'과 '에드워드 스톤 Edward

현대미술관 옆을 스치는 길 (뉴욕 맨해튼 거리)

건축물 외장유리가 보도블록까지 그대로 내려와 지나는 사람들의 발걸음까지 비쳐내고 있다. TV나 영화 등에서 '맨해튼'이란 단어가 나올 때마다 머리 한 구석엔 동경심(憧憬心)이 자리하고 있었는데, 이제는 차량을 몰고 맨해튼 이곳저곳을 거리낌 없이 다닐 수 있으니, 시골 촌뜨기가 꽤나 출세한 셈이다.

Durell Stone, 1902~1978'이 설계한 건축물인데 내부 전시공간이 부족해서, 2002년 일본인 건축가 '요시오 타니구치 Yoshio Taniguchi, 1937~ '의 설계로 규모를 2배로 확장했다고 한다. 최근에는 한국 건축가 두 명의 작품이 전시되고 있다기에 꼭 한번 찾아가 보리라 다짐했던 곳이다. 그러나 건축물 바깥에서 유리창에 비친 'MoMA'란 간판 글자를 촬영하고 나니, 벌써 필라델피아로 가는 버스의 승차 마감시간이 코앞으로 다가왔다. 아쉽지만 다음을 기약하며 떨어지지 않는 마음을 애써 버스 터미널 쪽으로 돌린다. 건축물과의 데이트 date는 왜 그렇게 언제나 시간이 부족한 것인지 참 알 수가 없다.

미술관에 전시되는 건축

지난번 뉴욕에 왔다가 관람시간을 확보하지 못해 그만 문밖에서 돌아서야 했던 '현대미술관 MoMA: The Museum of Modern Art, 2002'을 오늘 다시 찾아왔다. 이번엔 아예 가족들을 모두 데리고서 하루 일정을 잡아 넉넉하게 구경할 요량으로 방문했다. 미술관 뒷골목의 타워식 주차장에 자동차를 맡겨 놓고, 설레는 마음으로 미술관 입구로 향한다. 먼저 'MoMA'란 간판 글자가 눈에 들어왔다. 세로로 쓰여 유리벽체에 투영된 모습, 그 자체가 곧 하나의 예술작품 같다. 주말이라 그런지 관람객들 수가 상당하다.

오늘의 볼거리는 단연 건축분야 전시이다. 평소에도 건축 디자인 전시회가 열리고 있는 곳이지만, 오늘은 특별히 3층에서 '스몰 스케일 빅 체인지 Small Scale Big Change'란 제목으로 기획전시회가 개최되는 모양이다. 지금까지 미국의 여러

벽체에 반사된 현대미술관(MoMA) 간판 (뉴욕 맨해튼 현대미술관)
관광 안내책의 현대미술관 소개란에 곧잘 등장하는 간판이다. 글자가 유리 벽체에 반사되어 새롭게 독특한 디자인이 만들어졌다. 'MoMA'란 'The Museum of Modern Art'의 머리글자를 의미하는 것이다.

미술관들을 다녀봤지만 이렇게 건축 디자인을 전문적으로 전시하는 곳은 찾아보지 못했다. 우리나라의 경우는 건축이 공학의 한 분야로서 취급되는 까닭에 비전공자들이 그 예술적 미美를 논하는 경우가 매우 드문데, 이곳에서는 건축도 예술의 한 분야로서 명확하게 자리 잡아 일반인들이 쉽게 즐기는 상황이 펼쳐지고 있다.

주방용품과 가구 전시장을 지나 본격적인 건축 전시장으로 들어서니, 먼저 멋진 하이테크 hightech 건축물 모형들이 시선을 사로잡는다. 그리고 벽에는 건축물

현대미술관 3층 복도에서 건너편을 바라본 모습 (뉴욕 맨해튼 현대미술관)
미술관 견학을 마치고 집으로 돌아와 사진을 정리하는데, 어느 쪽이 하늘 방향인지 선뜻 구분이 되질 않았다. 가로세로의 비례가 일반적이지 않고, 측창과 천창이 교묘하게 조합된 때문이다. 왼쪽 실내에 사람이 서 있는 것을 보고 겨우 수직방향을 맞출 수가 있었다.

디자인 과정을 스케치로 그려 놓고, 최종작품까지 형태 mass가 어떻게 변화했는지를 보여주고 있다. 대부분의 것들이 이미 여러 곳에서 접해 알고 있는 내용들이었지만, 그래도 앞으로의 설계발표에서 한번 사용해볼 만한 표현기법들이 적지 않게 눈에 뜨였다. 특히 건축물을 수직방향 단면으로 자른 모습을 나무 모형으로 만들어, 가구나 사람들을 상세히 표현해 놓은 작품은 참고할 만했다.

고개를 뒤로 돌리니 전시회장 중앙의 유리상자 속에 눈에 익숙한 건축물 모형 두 개가 앉아 있다. 바로 한국 건축가들 작품이다. 이번에 처음으로 미국에 장

현대미술관에 전시된 건축 단면 상세 모형 (뉴욕 맨해튼 현대미술관)
일반적으로 건축 단면도는 모형까지는 잘 만들지 않는데, 여기에서는 이렇듯 수직 절단면을 훌륭하게 표현해 놓았다. 나무색깔 위에 검은색 사람들을 배치해 놓으니 조화가 잘 이루어지고, 축척(scale)의 기준 역할도 충분히 해내는 것 같다.

기간 소개되는 우리나라 현대건축 디자인이라고 할 수 있다. 오늘 이 미술관을 방문한 첫 번째 목적이 바로 이 작품들을 관람하기 위해서였다. 지금까지 한국의 건축 디자인은 세계 건축 흐름 속에서 철저하게 변방에만 머물러 있었다. 가까운 일본만 해도 기라성 같은 세계적 건축가들이 진을 치고 있는데, 그 옛날 그들에게 선진 건축기술을 전해주었던 우리는 아직까지 이렇다 할 국제적 건축가를 배출하지 못하고 있는 실정이다. 그런 의미에서 이번 뉴욕 현대미술관으로의 작품진출이, 우리 건축가들이 본격적으로 세계에서 두각을 나타내는 신호탄이 되기를 기대해 본다.

현대미술관에 전시된 한국 건축가 설계작품 (뉴욕 맨해튼 현대미술관)

건축가 '승효상(1952~)'이 경기도 남양주군 화도읍에 설계한 '수백당(守白堂, 1998)' 주택과 건축가 '김영준(1960~)'이 경기도 파주시 헤이리에 설계한 '자하재(紫霞齋, 2003)' 주택 모형이 멋지게 전시되어 있다. 우리나라 건축가 작품이 현대미술관에 전시되는 것은 처음이라고 한다.

학생들에게 건축설계를 가르치고 있는 입장에서 하나라도 놓칠세라, 열심히 수첩에 받아쓰고 사진으로 기록하는 사이 시간은 자꾸만 흘러간다. 복도 유리창을 통해 미술관 중앙의 조각정원과 건너편 건축물을 바라보니 벌써 전등마다 불이 환하게 들어와 있다. 어느새 저녁때가 된 것이다. 그제야 같이 온 가족들이 생각나 허겁지겁 전화를 하고 찾아 나섰다. 참으로 몹쓸 아빠다. 모처럼 아이들과 함께 온 미술관에서 도란도란 이야기를 주고받았더라면 얼마나 좋았을까! 나도 모르는 사이에 홀로 떨어져 열심히 건축물 전시장만 찾아다니고 있었으니……

42

뉴욕의
하얀 달팽이

뉴욕을 방문하면 꼭 가보고 싶은 건축물이 있었다. 바로 '구겐하임 미술관 The Solomon R. Guggenheim Museum, 1959'이다. 20세기 가장 유명한 건축가 중의 한 명인 '프랭크 로이드 라이트 Frank Lloyd Wright, 1867~1959'가 설계한 것이다. 학교에서 건축을 공부할 때와 건축관련 자격증을 취득할 때, 시험문제에 빠지지 않고 등장하던 조금 머리 아픈 건축물이다. 첫 번째 뉴욕 방문에서는 시간의 여유가 없어 찾아보지 못했는데, 이번에는 오로지 이 건축물만을 견학하기 위해 이 복잡한 도시에 다시 발을 들여놓았다.

맨해튼 Manhattan 한복판에 있는 센트럴파크 Central Park 입구로 접어들면서 가슴이 조금씩 설레는 느낌을 받는다. 지나고 나면 이런 순간이 제일 행복한 듯싶다. 사진으로야 많이 봤지만 실물은 어떻게 생겼을까, 정말로 멋진 모습을 하고 있을까!

가을도 중반을 지나 보도에는 낙엽들이 우수수 쌓여 가는데, 그 구수한 향기를 맡아볼 새도 없이 나는 발걸음을 앞으로만 재촉한다. 거리에는 여러 종류의 판매용 그림들이 저녁 바람에 나풀거려, 이윽고 박물관 거리 Musume Mile로 들어섰음을 실감나게 한다.

뉴욕을 상징하는 '노란 택시 Yellow Cap'들이 줄지어 달려가는 저만치에, 하얀 달팽이 모양을 한 건축물이 눈에 들어온다. 바로 구겐하임 미술관이다. 얼마나 보고 싶었던 건축물인가! 피아노 윗면처럼 평평한 일층 지붕 위에서 뱅글뱅글 나선형 벽체 한 줄기가 휘감아 올라간다. 말끔하고 깔끔한 모양이다. 안으로 들어가니 '로툰다 Rotunda' 형식으로 건축물 한가운데가 하늘을 향해 시원하게 뚫려 있고, 그 가장자리엔 경사로가 설치되어 차례차례 위층으로 올라가도록 설계되어 있다. 덕분에 미술품 운반차도 유모차도 휠체어도 데굴데굴 다 무사통과할 수 있다. 그 시절에 어떻게 이런 생각을 다 했을까! 위층으로 올라가는 데는 당연히 계단을 설치해야 한다는 고정관념을 타파한 건축가에게 새삼 머리가 숙여진다.

일층의 원형 홀에는 많은 사람들로 북적거린다. 저마다 고개를 뒤로 젖히고 천장 쪽을 향해 카메라 셔터 누르기에 바쁘다. 이층부터는 사진촬영이 금지되어 여기에서만 유일하게 내부촬영이 가능한 까닭이리라. 위로 올라가니 바깥쪽으로 비스듬하게 기울어진 수직 벽면이 먼저 눈에 들어온다. 보통 미술관이라고 하면 벽면을 똑바로 세워 그림 등을 걸기 좋도록 만드는데, 구겐하임의 경우는 따로 수직 지지대를 설치하지 않는 한 그것이 불가능해 보인다. 역시 듣던 대로 많은 논란을 불러일으킬 수 있는 사항이었다. 입체적으로 제작된 조각품 등의 전시에는 별 무리가 없는 듯 보였으나, 벽에 걸어야 하는 평면적 미술품 전시의

달팽이처럼 생긴 구겐하임 미술관 정면 모습 (뉴욕 맨해튼)

미술관은 아래보다 위가 더 넓은 실린더형으로 설계되었으며, 20세기 건축 중에서도 가장 강한 '랜드마크(land mark)' 역할을 한다. 라이트가 '영혼의 사원(temple of the spirit)'을 상상하며 디자인했다고 전해진다. 각종 건축학 교재나 참고서에 빠지지 않고 등장하는 탓에 건축학도들의 머릿속에 각인되어 있는 건축물이다.

달팽이 모양으로 올라가는 구겐하임 미술관 내부 동선 (뉴욕 맨해튼)

이 위대한 미술관에서는 일반인들의 사진촬영이 금지되어 있다. 일층 로비에서만 겨우 몇 장 찍을 수 있을 뿐이다. 나 같은 방문자들은 참 아쉬운 마음이 들겠지만 어쩔 수 없는 일이다. 건축물도 엄연한 미술품인 까닭에 저작권 보호가 필요한 모양이다.

구겐하임 미술관 커피숍에서 휴식을 취하며 (뉴욕 맨해튼)

멋진 건축물을 감상하고 난 뒤, 그 공간 속으로 들어가 휴식하며 마시는 커피 한 잔이, 언제나 나에게 큰 행복감을 안긴다. 그럴 때마다 건축을 전공으로 택한 것에 무한 감사하는 마음이다. 건축물을 견학할 때 사용하는 나의 '아키노트(Archi Note)' 위에 오늘도 무수한 글과 그림이 더해진다.

경우에는 확실히 문제가 될 소지가 있었다. 그런데 건축주가 어떻게 이런 설계 제안을 받아들였을까!

아무튼 원형의 로툰다 Rotunda 갤러리와 옆으로 길쭉한 탄하우저 Thannhauser 갤러리를 열심히 오르내리며, '고갱 Gauguin, 1848~1903, 고흐 Gogh, 1853~1890, 칸딘스키 Kandinsky, 1866~1944, 피카소 Picasso, 1881~1973, 샤갈 Chagall, 1887~1985, 미로 Miro, 1893~1983' 등 20세기 현대 미술을 대표하는 수많은 작가의 작품들을 감상하였다. 그 중에서도 제일 인상에 남는 것은 역시 칸딘스키의 추상적인 구성

composition 작품들이다. 일찍이 대학 시절부터 기하학적인 그의 작품들과 그의 저서 '점·선·면 Punkt und Linie zu Fläche, 1973'에 한없이 매력을 느끼고 있던 터였다. 서적에서만 구경하던 그의 그림들을 이제 실물로 보니 참으로 감개가 무량한 느낌이다.

아래층에서 올려다볼 때는 잠깐이면 전부 둘러볼 수 있으리라 예상했는데, 막상 위로 올라와 작품들을 하나하나 감상하다 보니 제법 많은 시간이 소요되었다. 마침 칸딘스키 작품 전시장 옆에 조그만 카페가 마련되어 있기에 따뜻한 커피 한 잔을 주문해서 창가에 앉았다. 가을이 점점 깊어 가는지 나뭇잎 하나가 달팽이 벽체를 가로질러 옥상으로 툭 떨어져 내린다. 문득 "기러기 울어 예는 하늘 구만리 / 바람이 싸늘 불어 가을은 깊었네 / 아아 아아 너도 가고 나도 가야지" 란 '이별의 노래 박목월 시, 김성태 곡' 한 곡조가 생각난다. 사실인지는 모르나, 이 노래에는 목월이 서로 사랑하는 아가씨와 함께 도피 생활을 하다가, 아내의 너그러운 마음에 감동해 마음을 추스르고 되돌아와 가사詩를 썼다는 이야기가 전해온다.

그렇다! 가슴이 시려올 때는 사람이 필요하다. 달팽이처럼 뱅글뱅글 서로를 보듬고 따뜻한 밀어를 속삭일 수 있는 그런 사람이 필요하다. 오늘 구겐하임 미술관에서는 시대를 초월한 예술작품들이 층층마다에서 관람객들을 붙잡고 마음을 어루만져주는 따뜻한 풍경을 목격했다. 진정으로 행복한 모습들이었다. 그러고 보면 예술이란 사람을 얼마나 따뜻하게 해주는 존재인가! 해 저문 뉴욕의 거리에 어느새 어둠이 내려 깔린다. 반쯤 남은 커피도 다 식었다. 아아, 너도 가고 나도 가야지. 이젠 사랑하는 사람들이 기다리는 곳으로 떠나야 할 시간이다. 안녕! 구겐하임, 언젠가 다시 만날 수 있기를…….

43

캠퍼스 가을 스케치

나는 지금 '브린모어 칼리지 Bryn Mawr College, 1885' 에 와 있다. 1885년에 설립되었으며 아이비리그 Ivy League에 버금가는 명문 여자대학으로 알려진 곳이다. 아내가 이웃에 거주하는 일본 아주머니들을 초대해서 한국요리를 만들어 먹는다기에, 혹시라도 방해가 될까 염려되어 슬그머니 집을 빠져나왔다. 대학 캠퍼스는 온통 단풍잎으로 물들어 그 모습 하나하나가 순수한 소녀들의 붉은 뺨처럼 아름답다. 흐린 하늘! 이따금씩 가을 햇살이 구름 사이로 한 줄기 빛을 뿌리면, 나뭇잎들은 마치 세례라도 받는 것인 양 얼굴을 환하게 빛내며 온몸을 파르르 떨기까지 한다. 그러면 짓궂은 바람들이 살금살금 불어와 옆구리를 간지럽히고, 나뭇잎들은 깔깔깔 까르르 이리저리 몸을 굴리며 바람을 피해 달아나기를 즐긴다.

낙엽이 흩날리는 캠퍼스 (펜실베이니아주 브린모어 브린모어대학)

아이비리그(Ivy League) 대학에 버금가는 명문 여자대학인 '브린모어 칼리지(Bryn Mawr College, 1885)'. 가을 대운동회 때 선생님을 따라 아이들이 쪼르르 달리가듯 낙엽들이 바람을 따라 몰려다닌다. 가까운 곳에 '루이스 칸(Louis Isadore Kahn, 1901~1974)'이 설계한 '어드만 홀 기숙사(Erdman Hall Dormitories, 1960~1965)'가 존재하는데, 평면이 마름모꼴 세 개를 연속시킨 형태로 구성되어 있다.

캐리토머스 도서관의 중정 (펜실베이니아주 브린모어 브린모어대학)

브린모어대학의 2대 총장이었던 '케리 토머스(M. Carey Thomas, 1857-1935)'의 이름을 딴 도서관이다. 1970년에 다른 도서관(the Mariam Coffin Canaday Library)이 생기기 전까지 사용되었고, 지금은 연주·독서·강의·집회를 위한 공간으로 다양하게 사용되고 있다.

사진을 찍다 말고 잔디밭에 배를 깔고 엎드려 소복이 쌓인 낙엽들의 밀어蜜語를 듣는다. 모양도 제각각, 색깔도 제각각……. 수많은 인간 군상들과 어쩌면 이리도 닮아 있을까! 한참을 그러고 있으려니 지면에서 한기가 올라와 카메라를 잡은 손가락이 달달달 떨린다. 자동차로 돌아와 히터 바람에 언 손을 녹인다. 그리고 마시다 남은 커피 한잔을 들이킨다. 아직 온기가 남아 있다. 카세트에선 나지막한 가을 노래 한 자락이 흘러나온다. 가을과 낙엽과 커피와 음악, 지금 그것들이 모두 내 곁에 있다. 행복하다.

나무 그림자가 빛바랜 강의실 돌벽에 투영되어 한 폭의 그림 같은 풍경을 만들어 낸다. 청설모 한 마리가 제 모습이 거기에 비치는 줄도 모르고 홀로 연극에 몰두하고 있다. 그 속에서도 조용히 낙엽 하나가 떨어져 내린다. 방금 전에 보았던 건축물이 눈에 아른거린다. 케리 토머스 도서관 M. Carey Thomas Library, 1922! 클로이스터 Cloisters라는 정원을 한가운데 두고 사방을 건물이 에워싸고 있는 형태이다. 정원 중앙에는 팔각 분수대가 설치돼 있고, 그곳으로 나가는 아치형 개구부마다에는 다양한 동물상들이 조각되어 있다. 그런데 그놈들이 히죽히죽 웃으며 시험기간이라 분주하게 오가는 학생들을 자꾸만 꼬드긴다. 유혹을 뿌리치고 걸어가는 학생들의 금발머리가 석양에 눈부시게 빛나고 있다. 가을은 황홀한 계절이다. 이 한바탕 축제가 끝나면 캠퍼스는 긴 겨울날의 고독 속으로 들어가리라.

44

그들이 떠난
창가에서

파란 하늘이 눈에 시리다. 저만치 들녘 끝자락에 줄지어 서 있는 나무들이 세찬 바람에 떠밀려서 앙상한 가지들을 마구 흔들어 댄다. 마지막 남은 금쪽같은 나뭇잎들이 하나둘씩 툭툭 떨어져 내린다. 자식을 떠나보내는 나무들의 흐느낌 소리가 여기까지도 들리는 듯하다. 전선줄에 앉아 다리를 쉬던 철새 몇 마리가 후르르 허공으로 날아오르더니 이내 시야에서 점점 멀어져 간다. 그 자리엔 '노아의 방주' 처럼 생긴 구름 몇 조각이 다가와 붉은 햇살을 가슴에 안고 천천히 서쪽으로 흘러가고 있다. 그렇다! 돌이켜 보면 가을은 모든 것들이 떠나는 계절이다. 저마다 사연이 깃든 삶의 흔적들을 아프게 내려놓고 새 삶을 얻기 위해 다시 연기처럼 부유浮遊하는 계절이다.

그들이 단체로 모여 살던 큰 가옥 (펜실베이니아주 에프라타 클로이스터 마을)

눈 쌓인 겨울에 이 건물 창문에서 쏟아져 나오는 불빛들을 담은 멋진 사진을 본 일이 있다. 귀국하기 전에 그 풍경을 꼭 촬영하리라 다짐했는데, 결국은 시간을 내지 못한 채 숙제로 남았다. 과연 언제 다시 이곳을 방문할 수 있으련가.

'에프라타 클로이스터 Ephrata Cloister' 라는 역사지구에 와 있다. 미국 펜실베이니아 Pennsylvania의 아미쉬 Amish 거주지역에 위치한 오래된 마을인데 지금은 아무도 살지 않는다. 1732년 '베이젤 Johann Conrad Beissel, 1691~1768' 을 중심으로 한 독일 침례교 German Seventh Day Baptist Church 계통의 종교인들이 모여, 결혼도 하지 않고 철저한 금욕생활을 고수하며 집단으로 거주했던 곳이다. 2008년 마지막 남은 공동체 일원인 '버쳐 Marie Elizabeth Kachel Bucher, 1909~2008' 가 세상을 떠난 후, 이젠 더 이상 거주자의 흔적을 찾아볼 수 없으며 그들의 독특한 삶의 방식도 과거의 역사 속으로 묻혔다.

가족 단위로 모여 살던 작은 가옥 (펜실베이니아주 에프라타 클로이스터 마을)

삶을 이루어가는 것은 전체가 아니고 정신일는지도 모른다. 종교적 신앙심은 인간만이 가치는 정신활동의 산물이다. 따라서 구축된 건축은 물려적 결과물이지만 유지해 나가는 과정은 생각의 결과물일 수 있다. 그런데 왜 에프라타 클로이스터 마을 자손들은 대대로 자손을 이어나가지 않았던 것일까?

삶의 흔적이 묻어 있는 창호 (펜실베이니아주 에프라타 클로이스터 마을)

나무를 적당하게 끌로 찍어내 층층이 쌓아올리고 틈새마다 흙을 메워 벽체를 만들었다. 기계적이지 않고 인간적인 느낌이 들어 참 좋다. '버네큘러 디자인(vernacular design)'의 한 모델을 보는 듯하다. 때로는 '건축가 없는 건축(architecture without architects)'이 '건축가가 설계한 건축(architecture by architects)'보다 더 자연스러울 때가 있다.

그들이 떠난 창가의 모습 (펜실베이니아주 에프라타 클로이스터 마을)
모두가 떠나고 없는 빈방 창가에 하얀색 커튼만이 나풀거린다. 이별할 때 흔드는 하얀 손수건 같은 느낌이다. 둔탁한 목재창틀 위에는 아직도 살던 사람의 체온이 남아있는 것 같은데, 소리쳐 불러 봐도 아무런 대답이 없다.

마을로 들어서니 장난감 같은 나무집들이 여기저기에 흩어져 있어 마치 동화 속 나라를 여행하는 것 같은 착각에 빠진다. 풍요로운 숲 한가운데 위치한 그림 같은 마을 분위기는 전체적으로 편안하고 고즈넉해서 갑작스럽게 찾아온 이방인도 쉽게 이 세계의 몽환적 분위기에 젖어들 수가 있다. 그 중 나무판자를 옆으로 길게 대고 그 사이에 흙을 채워 넣은 어느 가옥 안으로 들어가 보았다. 조그만 방에는 침대도 없이 폭 38cm의 벤치만 놓여 있다. 이곳 거주자들은 일체의 편안함을 거부하고 일부러 불편한 곳에서 잠을 청하며, 매일 밤 9시부터 12시까지 또 2시부터 5시까지 두 번에 걸쳐 취침하는 방식으로, 중간에 2시간씩 깨어나 예수님을 맞이하는 시간을 가졌다고 한다.

채식요리를 위주로 하던 소박한 부엌 풍경과 마음 수련을 위해 고단한 노동을 되풀이하던 거실 모습이 왠지 모르게 방문자의 가슴을 울린다. 오래된 현관 바닥에 깔려 있는 울긋불긋한 벽돌들은 손으로 직접 구운 것들이라고 한다. 오랜 세월 동안 귀퉁이가 다 닳아 없어져 하나하나가 포근하고 정감이 가는 모양을 하고 있다. 나풀나풀 하얀 커튼이 드리워진 조그마한 목재 창문 안으로 가을바람 한줄기가 살며시 고개를 들이민다. 청초한 사람들이 모여 살아가던 이 어둑어둑한 공간에 희미한 빛 한 줌이 쏟아져 들어온다. 이제 얼마 있지 않으면 저 순백의 커튼 너머로 하얀 눈이 내릴 것이다. 그 때 다시 찾아와서 물끄러미 이 창문 너머로 소복이 내려쌓이는 흰 눈을 바라보고 싶다. 어쩌면 눈을 타고 내려온 맑은 영혼을 가진 사람들이 각박해진 내 마음을 깨끗하게 정화시켜 줄는지도 모르니까…….

파란 하늘이 그립다

45

엊그제로 미국에 온지 딱 일 년이 지났다. "세월이 유수 같다."는 말을 실감한다. 겨울로 들어선 요즘의 하늘은 맑은 날이 별로 없고 매일 같이 찌푸린 얼굴을 하고 있다. 벌써부터 푸른 하늘과 따뜻한 햇볕이 그리워진다. 그동안 이곳저곳 참으로 많은 건축물들을 보러 다녔다. 그런데 아직도 더 보고 싶은 건축물들이 헤아릴 수 없을 만큼 남았으니 정말 욕심이란 끝이 없는 것인가 보다.

다가올 크리스마스 무렵엔 보스턴 Boston에 다녀오려고 한다. 지난 방문 때 놓쳐 버린 하버드대학 Harvard University과 엠아이티대학 MIT: Massachusetts Institute of Technology의 몇몇 건축물들을 찾아보고 싶어서이다. 그런데 날씨가 문제다. 자칫 눈이라도 내리는 날이면 낯선 지역에서 꼼짝 없이 발이 묶일 수밖에 없기 때문이다. 더구나 어린 자녀들을 동반하고 떠나는 여행인지라 늘 각별한 주의가 요구된

파란 하늘을 배경으로 우뚝 솟아오른 건축물 (펜실베이니아주 필라델피아 시청)

노출시간(1/125초) 및 조리개값(f/16)에 여유를 두어 촬영했는데도, 건축물 중간 쯤 빛이 반사되는 부분이 조금 날아갔다. 오후 1시 30분, 빛이 가장 강한 시간에 촬영한 탓이다. 계절 또는 기후에 따라 다르긴 하지만, 대체로 아침 9시나 10시쯤이 건축물 사진촬영에 적당한 듯하다. 늦은 오후 시간도 괜찮으나 여름철엔 습기가 많아져서 아무래도 오전보다는 선명도가 떨어진다.

빛줄기가 건축물을 아름답게 만들어준 풍경 (펜실베이니아주 브린모어 레드윈아파트)
파란 하늘, 붉은 벽체, 하얀 눈밭이 함께 어우러져 그림 같은 풍경이 연출되었다. 겨울은 건축물 촬영하기에 좋은 계절이다. 태양의 고도가 낮아 빛이 사선으로 들어오니 음양이 명확하고, 수증기가 적어 공기가 맑으니 외관이 선명하게 잡힌다. 아울러 나뭇가지에 잎이 사라져 건축물을 가리지 않으니 전경을 잡아내기가 쉽다. 그리고 눈 쌓인 풍경을 촬영할 때는 노출을 줄여주는 것이 효과적이다. 눈에서 반사되는 빛의 양이 생각보다 많으므로, 조리개를 조이거나, 셔터속도를 올리거나 감도를 낮춰야만, 화면이 공백으로 처리되는 '화이트 홀(white hole)'이 생기지 않는다.

다. 그렇다고 포기하려니 이젠 얼마 남지 않은 귀국일 탓으로 새로운 날짜를 확보하기가 어렵다.

문득 사진에서 보았던 그쪽의 유명 건축물들 모습이 눈에 아른거린다. 짙푸른 하늘을 배경으로 우뚝 솟아오른 여러 첨탑들, 들쭉날쭉 사각창을 붙이고 웅장하게 뻗어나간 벽체들, 구불구불 파도를 타듯 흘러가는 은색 강판 지붕들……. 그렇다! 한 채의 잘 지어 놓은 건축물은 한 편의 훌륭한 교향곡 같은 느낌이 난다. 그러한 모습들을 사진으로 담으려면 빛이 필수적인데, 건축의 시각적 미학이 빛과 그림자로 이루어지는 까닭이다. 물론 사진으로 찍지 말고 마음으로 느끼는 방법도 있겠으나, 사진의 유용성 면에서 볼 때 그 유혹을 떨쳐버리기가 힘들다.

사진을 본격적으로 촬영하기 시작한 후부터는 자꾸만 하늘을 쳐다보는 습관이 생겼다. 어릴 적에는 눈이 내리기 직전의 하얀 하늘을 참 좋아했다. 왠지 동화 속 나라로 여행 온 것 같은 분위기가 느껴졌기 때문이다. 그런데 건축사진을 찍으면서부터는 파란 하늘을 그리워하게 되었다. 거기에서 쏟아져 내려오는 빛줄기와 그것이 만들어내는 그림자가, 건축물의 외부형태를 아름답게 빛내고 내부공간에 깊이를 준다는 것을 알았기 때문이다.

46

하얀 그리움의 건축

눈이 내리니 문득 보고 싶은 사람들이 있다. 이미 과거 속으로 사라진 사람들이다. 오늘 겨울 바다가 내려다보이는 언덕에서 눈발이 되어 내려오는 그들의 얼굴을 지켜본다. 예나 지금이나 인간이 사는 이 세상은 여전히 번잡하고 갈등과 아픔이 많은 곳이기에, 우리는 가슴 따뜻하고 넉넉했던 과거 속 누군가를 그리워하게 되는 것인지도 모른다. '인간은 그리움의 동물이다.' 지천으로 내려 쌓이는 하얀 눈을 하염없이 바라보다가, 이내 무언가 알 수 없는 원초적인 그리움 속으로 빠져들고, 결국 그 그리움의 대상은 '사람故人'이라는 것을 깨닫게 된다.

미국 보스턴의 어느 한적한 바닷가에 서 있다. 바로 '존 에프 케네디 박물관The John F. Kennedy Presidential Library and Museum, 1979'이 위치한 곳이다. 흰색 벽체들과 검은색 유리창으로 이루어진 흑백 풍경의 건축물 위로 하얀 눈발이 거세게 휘몰아

눈이 내려 쌓이는 케네디 박물관 정면 풍경 (메사추세츠주 보스턴)

흰색 벽체와 검은색 유리창이 깔끔한 조화를 이루는 건축물이다. 견학을 끝낸 후 밖으로 나오니 악천후 때문인지 경찰차가 달려와 주변상황을 지켜보고 있었다. 갈 길이 먼데 시간을 너무 소비했다는 느낌이 든 순간, 내 가슴 속에는 가족들 모르게 한줄기 긴장감이 감돌고 있었다.

눈이 내려 쌓이는 케네디 박물관 광장 풍경 (메사추세츠주 보스턴)
건축물 전면 바닷가 쪽으로 몸을 움직였더니 거센 바람 때문에 몸이 날아갈 듯했다. 위험을 무릅쓰고 어렵게 얻은 한 컷이다. 날씨가 맑은 날엔 건축물 안에서 불빛들이 흘러나와 바닷물 위로 아롱지는 모습이 장관을 이룰 것이다.

바다가 내려다보이는 케네디 박물관 유리창 풍경 (메사추세츠주 보스턴)
'메사추세츠만(Massachusetts Bay)'의 푸른 바다를 통째로 바라다볼 수 있도록, 연속된 삼각형 금속 프레임 속에 유리를 집어넣어 거대한 창을 구성한 것이 특징이다.

친다. 먼 바다로부터 불어온 강한 정령精靈들이 동면冬眠을 깨우며, 길다란 역사의 좌표 위로 나의 존재를 불러 세우고 있다. 가까운 곳에 있는 하버드대학 Harvard University과 엠아이티 MIT대학을 둘러본 후, 악천후 때문에 귀가 길로 재빨리 차를 내몰아야 함에도, 나도 모르게 발걸음이 이곳으로 향했던 이유가 무엇일까?

미국 제35대 대통령 '존 피츠제럴드 케네디 John Fitzgerald Kennedy, 1917~1963.' "조국이 여러분을 위해 무엇을 할 수 있을 것인지 묻지 말고, 여러분이 조국을 위해 무엇을 할 수 있는지 스스로에게 물어 보십시오." 문득 그가 대통령으로 취임할 때 했던 연설 한 토막이 생각난다. 미국 역사상 최연소 대통령으로서, "군사력이 도덕적 억제력에 부합하고, 부유함이 지혜에 부합하고, 권력이 목적에 부합하는 세상"을 꿈꾸었으며, "환경의 아름다움 보호와 예술적 성취 및 문화적 기회를 확대하여 세계에서 존경 받는 미국이 되자."고 역설했던 존 에프 케네디! 과연 오늘날의 미국은 그가 바라던 방향으로 변해 있는 것일까? 오히려 군사력과 부유함과 권력이 제대로 억제되지 못한 채 그것을 가지지 못한 사람들과 국가들을 지배하며, 전쟁도발, 환경파괴 그리고 향락문화 번성으로 인한 인간 존엄성이 말살되는 시대를 맞고 있지는 아니한가?

그래서인지는 몰라도 아직까지 많은 사람들이 고인이 된 그를 그리워하고 있다. 새로운 꿈과 희망을 이야기 하던 젊고 멋진 대통령, 낙천적인 성격과 열정적인 연설과 당당한 태도로 일관하던 선구자적 인상! 케네디 박물관은 바로 그런 그의 모습을 회상하고 추모하기 위해 만들어진 시설이다. 이 건축물은 아이 엠페이 Ieoh Ming Pei, 1917~2019 가 설계했다. 메사추세츠만 Massachusetts Bay 의 푸른 바다를 통째로 바라다볼 수 있도록, 연속된 삼각형 금속 프레임 속에 유리를 집어넣어 거대한 창을 구성한 것이 특징이다. 그래서 겨울철 흐린 날에는 하얀 하늘과 검은 바다가 강렬하게 대비되고, 여름철 맑은 날에는 푸른 하늘과 파란 바다가 하나가 되는 독특한 풍경을 연출한다. 또한 낮에는 바깥에서 햇살이 쏟아져 들어오고 밤에는 건물에서 불빛이 쏟아져 나가, 건축물의 존재감을 한없이 부각시키는 멋진 조형예술 작품으로서 방문하는 사람들의 사랑을 담뿍 받고 있다.

위기에서 벗어나게 해주는 건축

눈이 내린다. 허연 눈이 온 천지에 내린다. 예일대학^{Yale University} 내에 위치한 어느 호텔에 숙박하고 있다. 비상착륙이다. 태어나서 일찍이 오늘처럼 심한 눈폭풍을 겪어 본 일이 없다. 한 치 앞도 내다보이지 않는 고속도로를 겨우 기다시피 해서 이곳에 도착했다. 호텔방이 남아 있었기에 망정이지 하마터면 추운 길바닥에서 밤을 지새울 뻔 했다. 오후 들어 교통사고로 도로가에 나뒹굴어진 자동차를 무려 열 번은 목격한 듯하다. 눈발이 휘몰아치니 윈도우 브러시^{window brush}가 제대로 작동하지 않고 차창을 씻어 줄 세척액도 나오지 않아 도저히 운전을 지속할 수가 없었다. 날은 점점 어두워지고 인적이 완전히 끊긴 상태에서 그대로 더 달렸더라면 아마도 '911 긴급 구조차' 신세를 면치 못했을 것이다.

아이들에게는 미동부의 명문 '아이비리그^{Ivy League} 대학' 풍경을 구경시켜 주고,

호텔 후원에 조용히 내려 쌓이고 있는 눈 (코네티컷주 뉴헤이븐)

정말 아찔한 순간들을 보내고 겨우 찾아낸 '집'이다. 눈보라가 휘몰아치는 상황에서 그대로 인적 드문 도로를 달렸다면 무슨 일이 벌어졌을지 모른다. 미끄러져 도로를 이탈한 차량들을 열번도 더 목격한 듯하다. "순간의 판단이 생사를 가른다."는 말을 몸으로 체감한 하루였다. 자연 앞에서는 겸손해야 한다.

나는 캠퍼스의 건축물 모습을 사진으로 담기 위해 떠난 3박 4일의 가족여행! 뉴햄프셔 New Hampshire에서 다트머스대학 Dartmouth College을 견학하고, 보스턴 Boston에서 하버드대학 Harvard University과 엠아이티대학 MIT: Massachusetts Institute of Technology을 둘러본 후, 마지막 날 귀가길에 올랐을 때 예상했던 것보다 훨씬 강렬한 눈보라를 만났다. 식당을 찾지 못해 허기도 채우지 못하고 무조건 필라델피아 Philadelphia가 위치한 남쪽으로만 차를 몰았는데, 평소보다 서너 배 더 걸리는 도로사정 때문에 예정에 없던 숙박을 하게 된 것이다.

긴급하게 호텔을 찾아 나선 중에도 나는 예일대학 근처를 염두에 두고 있었다. 가던 길로부터 이곳까지 오기 위해선 행로를 상당히 벗어나야 했지만, 지난번에 미처 찾아보지 못한 건축물을 내일 아침에 촬영하고 싶은 마음에서였다. 이러한 나의 의도를 아는지 모르는지 그저 묵묵하게 따라와 준 아내와 아이들이 새삼 고맙게 느껴진다. 호텔부지로 들어선 순간 지하 주차장이 마련되어 있는 것을 보고 우리는 만세를 불렀다. 길가에 주차된 차들이 엄청나게 쌓인 눈 속에서 오도 가도 못하고 꽁꽁 얼어붙어 있는 모습을 쉴 새 없이 목격한 때문이었다.

눈 범벅이 된 옷을 툭툭 털어내며 호텔 뒷문으로 들어서니 통로 옆에 마련된 아담한 후원 풍경이 시야에 들어온다. 잔잔한 불빛이 쏟아지는 뜨락에 나무 탁자와 의자가 놓여 있고 그 위로 흰 눈이 소리도 없이 내려 쌓이고 있었다. 아름답다! 조금 전까지만 해도 우리를 공포로 몰아넣었던 그 눈 풍경이 이제는 낭만으로 바뀐 순간이다. 들판을 달릴 때 자연의 힘은 무섭기 짝이 없지만 이렇게 집 안으로 들어오면 고스란히 구경거리로 다가온다. 건축학에서 배운 이론 그대로 '집 住은 피신처 shelter' 임에 틀림이 없다. 거센 비바람과 눈을 피해 우리의 몸을 안전하게 누일 수 있는 곳…….

안락한 침대가 마련되어 있는 호텔 방 (코네티컷주 뉴헤이븐)

"신이시여 감사합니다." 우리에게 이렇게 따뜻한 잠자리를 마련해 주시다니……. 마음 속으로 기도가 우러나오는 순간이었다. 거센 바람이 나뭇가지를 부러트려 그 토막들을 몰고 다니는 살벌한 들판! 그곳과는 전혀 다른 분위기의 이 포근한 안식처로 들어선 순간, 뭐라 형용할 수 없는 감정이 복받쳐 올랐다.

승강기를 타고 객실로 올라가니 먼저 안락하고 따뜻한 실내 분위기가 우리를 반긴다. 바닥에 깔린 예쁜 양탄자와 푹신하고 넓은 침대를 접하는 가족들의 얼굴에 화색이 돈다. 짐을 정리하고 몸을 씻은 후 일층 로비 lobby에 마련된 커피를 찾아 나섰다. 갑작스러운 눈폭풍을 피해 호텔방을 찾는 사람들로 인해 프론트 데스크 front desk가 시끌벅적하다. 현관 앞에는 여전히 눈이 내리고 바람들은 그 눈을 맹렬한 속도로 실어 나르고 있다. 호텔 앞에 게양된 깃발들이 몸을 가누지 못하고 웅웅 소리를 내며 금방이라도 찢어질 듯 나부끼고 있다. 소란스러운 겨울밤이다.

침대 한 편에 비스듬히 누워 열려진 커튼 사이로 무심히 창밖을 바라다본다. 아내와 아이들은 벌써 곯아떨어졌는지 도란거리던 말소리가 어느새 들리지 않는다. 낮에 너무 긴장했던 탓일까, 아니면 밤늦게 마신 커피 한잔 때문일까. 도무지 잠이 오지 않기에 이 생각 저 생각을 하며 몸을 뒤척거리는 중이다. 내일은 날씨가 맑을까, 무사히 집에 당도할 수 있을까, 바라던 대로 '예일대학 미술관 The Yale University Art Gallery, 1951~1953' 과 '예일 영국미술센터 Yale Center for Art British Art, 1969~1974' 를 촬영할 수 있을까? 바람이 아까보다 더 거세게 몰아치는가 싶더니 이제는 아예 눈발이 창을 부서져라 때리고 있다. 깃발 소리도 더 요란하게 울린다. 툭, 쿵, 쾅, 펄럭 펄럭, 따다닥 따다닥……. 그러나 지금은 건축물 안에 있으니 안전하다. 우리를 위기에서 벗어나게 해주는 건축, 고마운 존재임을 다시금 되새겨 본다.

48

어둠에 익숙해져 가는 아이들

또 다시 아파트에 겨울이 찾아왔다. 그리고 지난해처럼 밤새워 함박눈이 내려 넓은 뜨락의 잔디밭 위로 한가득 쌓였다. 아이들은 아침이 되자마자 기다렸다는 듯이 밖으로 뛰쳐나가, 어둑어둑 어스름이 내리는 지금까지도 돌아올 생각을 안 하고 있다. 창밖을 내다보니 아직까지도 서로 되엉켜 눈놀이 하느라고 정신이 없다. 여름부터 엄마를 졸라 구입해 놓은 방한복 덕을 톡톡히 보는 듯하다. 눈이 오면 아이들과 강아지들만 신난다고 했던가! 도로에는 차들이 엉금엉금 거북이처럼 기어 다니는데, 언덕배기 아래로는 눈썰매들이 씽씽 즐겁게 달린다.

하늘을 올려다보니 하얀 색깔 때문에 지금도 눈이 내리는지 알 수가 없다. 그래서 아파트 벽 쪽을 바라보니 눈 내리는 모습이 선명하다. 문득 어린 시절 고향

어둠이 내리는 아파트 저녁 풍경 (펜실베이니아주 브린모어 레드윈아파트)

눈 쌓인 대지에 고요히 내리는 어둠은 성스러운 느낌을 준다. "고요한 밤 거룩한 밤 어둠에 묻혀가는 밤!" 조금 있으면 저 주택 창들로부터 따듯한 불빛들이 흘러나올 것이다. 그 때는 우리 모두의 행복을 위해 조용히 기도를 올려야겠다. 그리고 지난해 이 뜰에 떨어진 낙엽들의 명복도 함께 빌어야겠다. 이른 봄부터 늦은 가을까지 꼼짝 못하고 가지에 붙어 있다가, 겨울이 올 무렵 스스로 버린 목숨의 대가로 비로소 자유를 얻은 슬픈 영혼들을 위하여…….

눈썰매 타는 것이 신나는 아이들 (펜실베이니아주 브린모어 레드윈아파트)
"눈이 오면 아이들과 강아지들만 신난다."고 했던가? 이웃집 아이들과 눈썰매를 타는 딸의 얼굴에는 함박웃음이 떠나질 않는다. 딸아이들의 웃음은 아빠들의 시린 가슴을 녹여주는 천연 난방기구이다.

에서 눈놀이 하던 때가 생각난다. 어두운 골목길에서 친구들과 함께 연탄재를 굴려 커다란 눈사람을 만들어 놓고, 이리 뛰고 저리 뛰며 놀다가 캄캄한 밤이 되어서야 귀가하던 추억……. 눈이 내리면 늦은 시간까지 밖이 훤하다. 그래서 밤이 오는 것에 무감각해진다. 낮도 아니고 밤도 아닌 시간, 자연빛과 인공빛이 함께 존재하는 시간, 주위가 적당히 어두워 마음을 포근하게 감싸주는 시간, 언제나 짧게 지나가고 말지만 나는 그 순간이 참 좋았던 듯싶다.

사진가들은 건축야경 사진을 촬영할 때 주로 낮과 밤이 교차하는 시간을 선택

눈썰매 타는 것이 즐거운 아이들 (펜실베이니아주 브린모어 레드윈아파트)
살아간다는 것은 달리는 일이다. 무조건 앞만 보고 달리는 일이다. 문득 어린 시절 눈 쌓인 비탈길 위에서 비료 포대를 깔고 달리던 시절을 추억하며, 괴로워도 슬퍼도 그저 앞만 보고 달리는 일이다. 혹시 먼 훗날 우리 딸들도 오늘 아빠처럼 힘든 일이 있거들랑, 이 겨울저녁의 달리기를 기억하며 강하게 이겨낼 수 있기를…….

한다. 흔히 '매직아워 magic hour' 라고 불리는 시간대이다. 촬영에 필요한 일광이 충분해서 건축물의 윤곽이 그대로 드러나 보이고 가로등이나 전등 불빛도 또렷하게 보인다. 그리고 하늘이 파란색 또는 보라색으로 아름답게 변하고, 달과 샛별들이 어우러져 낭만적인 풍경을 담아낼 수 있다. 건축사진을 본격적으로 촬영하기 이전에는 하루 시간이 낮과 밤으로만 이루어진 줄 알았다. 빛의 명암에 따라 존재하는 중간의 다양하고 멋진 모습들을 놓쳐 버린 탓이다.

생각이 단순하면 사물을 보는 관점이 백과 흑으로만 분리되기 쉽다. 건축 스케치

sketch나 데생 dessin을 배울 때 하얀색에서 검은색까지 변하는 아홉 단계를 하루 종일 연습하던 생각이 난다. 그것을 전부 같은 농도만큼 점점 더 짙어지게 표현하는 일이 매우 어려웠다. 그런데 오늘 밖에서 뛰어노는 아이들처럼 평소 날이 어두워지고 밝아지는 상황에 익숙해져 있었더라면, 즉 시간이나 상황이 변하는 단계에 세심하게 반응하는 훈련이 되어 있었더라면, 아마도 그런 작업들을 훨씬 더 수월하게 해냈을 것이다.

하루의 흘러가는 시간에 따라 사물의 모습이 어떻게 변하는지 무의식적으로 느끼는 일은 매우 중요하다. 특히 장래에 미술가나 음악가 등의 예술가가 되고 싶은 아이들에게는 더더욱 그렇다. 그것은 미술에서 하양과 검정 사이에 존재하는 회색, 노랑과 빨강 사이에 존재하는 주황색, 빨강과 파랑 사이에 존재하는 보라색, 파랑과 노랑 사이에 존재하는 초록색의 존재를 아는 일이고, 음악에서 낮은 음계의 '도'와 높은 음계의 '도' 사이에 존재하는 '레·미·파·솔·라·시'로 이루어진 중간 음계의 존재를 깨닫는 일이 되기 때문이다.

오늘 저녁 늦은 시간까지 밖에서 뛰어놀고 있는 아이들을 바라보면서, 문득 어릴 적 이런 체험들이 얼마나 중요한 것인지를 새삼 깨닫게 된다. 곁에서 보기에는 그저 깜깜한 어둠뿐인 것 같은데도 아이들은 썰매가 달릴 수 있는 방향을 정확하게 짚어 낸다. 이미 어둠에 익숙해져 있는 까닭이다. 어둠에 익숙해진 사람들은 결코 밤을 두려워하지 않는다. 그 속에서도 자기가 앞으로 나아가야할 길을 어렵지 않게 찾아낼 수 있기 때문이다. 오늘날 도시의 휘황찬란한 밤거리를 누비며 학원가를 전전하고, 컴퓨터 모니터의 밝은 빛과 씨름하고 있는 아이들에게 눈 내린 겨울밤의 이 어슴푸레한 어둠을 선물해 주고 싶다.

자꾸만 생각나는 집

귀국 준비로 정신없이 바쁜 중에도 나는 바깥 날씨가 맑은 것을 확인하고 급하게 차를 몰았다. 며칠 동안 내린 눈으로 인해 도로가 매우 미끄러웠으나 들뜬 내 마음 속에서는 그런 것들이 아예 고려의 대상조차 되지 못했다. 오늘의 목적지는 바로 어느 주택 건물이다. 일층은 붉은 벽돌을 아담하게 쌓아올려 고풍스런 벽면으로 구성하고, 이삼층은 가늘고 긴 목재를 수직으로 세워 기하학적인 벽면으로 처리한 아주 멋들어진 집이다. 예전부터 그 앞을 지날 때마다 사진을 찍어두려고 생각하고 있었으나 이상하게도 그때마다 바쁜 일정에 쫓겨 그냥 스쳐 지나가기만을 수차례 반복했다.

그런데 건축사진들을 정리할 때마다 왠지 모르게 자꾸만 그 집이 생각나고, 지금 촬영해 두지 않으면 이곳을 떠난 후에 두고두고 눈에 아른거릴 것만 같았다.

자꾸만 생각나는 집 (펜실베이니아주 웨스트시티 에비뉴)

내가 학창시절을 보냈던 대학과 지금 근무하는 대학은 우연이겠지만, 강의실 벽체가 모두 붉은 변색벽돌로 치장되어 있다. 겨울철 햇빛을 받아 밝게 빛나는 벽돌조 건축물들은 참 따뜻한 느낌을 준다.

눈 감으면 생각나는 집 (펜실베이니아주 카운티 린 로드)

우연히 길을 가다가 문득 발견한 아름다운 집들은 의외로 오랫동안 우리 기억 속에 머문다. '집이 있는 풍경'이란 집을 짓고 살아가는 인간에게 있어, 어머니의 품 속 같이 따뜻한 '원초적 고향'으로서 항상 그립게만 느껴지는 존재이기 때문이다.

그래서 오늘은 만사를 제쳐 두고 카메라를 들고 나섰다. 그 집은 펜실베이니아에 위치한 세인트요셉스대학 Saint Joseph's University 을 직선으로 관통하는 웨스트 시티 에비뉴 West City Ave 의 한적한 도로변에 서 있다. 콩닥거리는 마음으로 드디어 집 앞에 도착하니, 진입로에 살포시 깔린 새하얀 잔설, 눈이 시리도록 새파란 겨울 하늘, 그리고 그와 어우러진 갈색풍의 건축물이 나의 시선을 압도한다. 그리고 그 모든 것들이 지금 막 아침 햇살을 받아 내 앞에서 찬란하게 빛나고 있다. 그래 바로 이 맛이다! 역시 와보기를 잘했다.

또 하나 눈을 감으면 자꾸만 생각나는 집이 있다. 펜실베이니아 브린모어병원 Bryn Mawr Hospital 에서 카운티 린 로드 County Line Road 를 따라 북서쪽으로 조금 달리다보면 고즈넉한 동네 하나가 나타나고, 아기자기한 단독주택들이 몰려 있는 길 한 모퉁이에, 일층은 석재로 이층은 목재로 지어진 제법 운치 있는 집 한 채가 서 있다. 평소 즐겨 다니던 서점을 지름길로 가기 위해서는 그 집 앞의 골목길을 통과해야만 하는데, 일층의 아치형 출입구와 이층 벽면의 나무 무늬, 그리고 벽난로에서 솟아나온 굴뚝이 처음 본 나의 시선을 단번에 사로잡았다. 누가 살고 있는지 알 길이 없지만, 어느 날인가 건너편에 차를 세워 놓고 한참이나 카메라 셔터를 누르며 즐거워했던 기억이 새롭다.

세상에는 참으로 많은 주택들이 존재하지만 자신도 모르는 사이에 기억 속으로 들어와 터를 닦고 사는 집들이 있다. 나는 그런 집들까지 사랑하지 않을 수 없다. 문득 길을 가다가 한순간 스친 사람의 얼굴이 아무 이유도 없이 자꾸만 생각날 때가 있듯이, 집도 그렇게 우리들 마음속에서 꾸준하게 기억되는 존재이기 때문이다. 내가 집을 만난 것이지만 집도 나를 만난 것이기에 서로에게 소중한 '인연'이 아니라고 말할 수 없다.

50

집을 찾아 떠나는 길

인생을 살아가면서 우리는 얼마나 많은 이별을 경험해야 하는가! 나는 지금 한국으로 돌아가는 '유나이티드항공 0893편' 비행기 안에 앉아 있다. 2009년 12월 16일, 눈 덮인 미국 필라델피아 땅에 첫발을 내려놓은 지 햇수로 어언 3년이 지나가는 시점이다. 요즈음 며칠 동안은 참으로 많은 사람들과 작별 인사를 나눴다. 미국인·일본인·한국인 그리고 나와 같은 방문교수와 그 가족들……. 일상을 함께 했던 정든 이들과의 마지막 악수는 정말 마음을 슬프게 한다. 언젠가 다시 만나자고 굳게 약속을 해보지만, 그것이 그렇게 쉬운 일이 아님을 지나간 삶의 경험을 통해서 절실히 느끼고 있다.

누가 21세기를 '신유목민의 시대'라고 했던가! 우리는 현재 운송수단의 비약적인 발달로, 떠나고 정착하는 것을 그리 어렵지 않게 반복하고 있다. 나 또한

나를 한국으로 데려다 줄 비행기 (샌프란시스코 국제공항)

이제 드디어 미국을 떠난다. 정확하게 412일 간의 짧다면 짧고, 길다면 길었던 생활! 샌프란시스코 국제공항 출발로비에서 긴 호흡으로 커피를 마시며 물끄러미 창밖의 비행기들을 바라본다. 비행기도 집이다. 날아가면서 머무는 또 하나의 집이다. 하늘 위 구름 속을 멋지게 떠다니는 그림 같은 집이다. 언제부터인가 내 양쪽 겨드랑이에 날개가 달려있었다는 사실을 지금 비로소 깨닫는다.

미국에서의 수많은 추억들을 뒤로하고 (유나이티드항공 0893편)

문득 비행기가 로봇 같다는 생각을 했다. 아이는 기계를 조작하고 외부와 소통한다. 아이의 생각에 따라 조종되고 움직이는, 자기 옷의 또 다른 확장체인 비행기 로봇! 나는 소망한다. 장래 이 아이가 지구를 혹은 역사를 조각하는 존재감 있는 인간이 되어 비행기처럼 날아오르길……. (사실은 내 자신에게 던지는 주문일지도 모른다.) 안녕!

중학교를 마치고 고향을 처음 떠나온 후부터, 얼마나 많은 지역에서 닻을 내리고 떠나기를 되풀이해 왔는지 모른다. 생각해 보면 겉으로는 '지역'을 떠나는 것이었지만 속으로는 '집'을 떠나는 것이었다. 명목으로는 '일'을 찾아 떠나는 것이었지만 실제로는 '집'을 찾아 떠나는 것이었다. 지난 1년 2개월 동안 우리 가족을 따뜻하게 품어주었던 브린모어 Bryn Mawr의 래드윈 아파트 Radwyn Apartments……. 나는 그 집을 떠나오면서 차창 밖으로 멀어지는 그 쪽을 향해 몇 번이나 손을 흔들어야 했다. 떠난다는 것은 과연 무엇인가? 첫 번째는 '집'과의 이별이며, 다음으로는 '이웃'과의 이별이며, 그 다음으로는 '일상'과의 이별이리라.

어제 저녁 그동안 살던 집을 떠나 시내의 지인 집에서 하룻밤을 묵고, 오늘 아침 필라델피아공항과 샌프란시스코공항을 거쳐, 지금은 한국의 인천공항을 향해 날아가고 있는 중이다. 한국에 도착하면 버스를 타고 남쪽 지방까지 달려야 하고, 그 후 또 택시를 타고 원래 살던 보금자리를 찾아가야 한다. 인생길이라고 하는 것은 수많은 지역을 경유하며 나아가는 듯하지만, 단순히 보면 결국은 '집에서 집을 찾아 떠나는 노정의 연속'일 뿐이다. 우리 일생에서 처음 집이 어머니 복부이고 마지막 집이 무덤이라고 한다면, 그 사이 지상에서 머무는 모든 집들은 그저 스쳐가는 정류장 같은 존재일 것이다.

갑자기 현기증이 난다. 아마도 좁은 좌석에 오래 앉아 있어서 그런가 보다. 머리가 아프고 등허리에 식은땀이 흘러, 비틀비틀 몸을 제대로 가누기가 어렵다. 기내 화장실에 가고 싶으나 이미 많은 사람들이 줄을 서 있다. 그대로 통로 바닥에 주저앉아 머리를 감싸 안고 두 눈을 감는다. 한국까지는 도대체 몇 시간이나 남은 것일까? 아무튼 미국 집에서 한국 집까지 이동하는 데 걸리는 시간이 총 18시간이었음을 기억한다. 저만치 앉아 있는 아내와 아이들을 올려다본다. 모두 잠에 흠뻑 빠져 있다. 막내 얼굴에는 가끔씩 웃음기가 감돈다. 무슨 꿈을 꾸는 것일까? 만약 꿈속에 집이 등장한다면, 미국에서의 집일까, 한국에서의 집일까? 창밖을 바라보니 우리를 태운 비행기 뒤로 솜사탕 구름들이 바쁘게 지나간다. 이제 내 곁을 떠나는 모든 것들에게 마지막 인사를 해야 할 때이다. 안녕, 사랑해. 언젠가는 또다시 만날 수 있기를…….

에필로그

드디어 인천국제공항 상공! 비행기 창밖으로 희뿌옇게 서울풍경들이 스치고 지나간다. 잔설이 덮인 골산(骨山)들, 그 골짜기마다 삐죽삐죽 고층아파트와 교회첨탑들이 솟아있다. 마치 포장상자를 높이 쌓아 올려놓고, 사이사이에 십자가 장식을 달아놓은 것 같은 모습이다. 이런 것들과 멀어진지 겨우 일 년여밖에 되지 않았는데, 그동안 미국건축에서 받은 인상이 매우 강했던 때문인지, 다시 만나는 도시풍경들이 왠지 낯설고 기이한 느낌으로 다가온다.

지난해 저 유명한 건축가 '자하 하디드'가 설계한 '동대문 디자인 플라자'가 불투명한 용도, 무차별한 유물훼손, 막대한 추가공사비 등으로 세간의 도마 위에 오르더니, 올해는 한강에 흉물로 방치된 '새빛둥둥섬'이 국민 혈세낭비와 민자사업 절차무시 등으로 연일 사람들에게 원성을 듣고 있다. 그리고 지난 명절 무렵에는 아파트 층간소음으로 인한 이웃 간 갈등문제가 한바탕 뉴스의 헤드라인을 장식하고 지나갔다.

"건축이 정말 예술의 한 분야예요?" 건축미학에 대해 이야기하는 내 말끝마다 사람들이 눈을 동그랗게 뜨고 진지하게 묻는다. 지방이라서 그럴까! 내 주변에는 자기 집을 자기 스스로 설계하려는 사람들이 적지 않다. 건축사들은 그저 관공서에 제출할 허가용 도면이나 그려주고, 몇 푼 안 되는 설계비를 받고 역할이 끝나 버리는 경우가 많다. 왜 우리나라 건축가들은 자신의 전문적 지식과 권위를 보장받지 못하는 것일까? 아마도 건축인 모두가 이미 답을 알고 있을 것이다. 문제는 현장에서 실천이 안 된다는 것이리라. 나 역시 건축학자의 한 사람으로서 제대로 된 '건축문화'를 전파하고 싶다는 의지는 강하나, 능력이나 형편이 그에 미치지 못해 늘 제자리걸음만 하고 있다. 그래도 어쩌랴! 이렇게 아주 작은 것부터라도 하나하나 발걸음을 떼어놓는 수밖에.

* * *

한국으로 돌아온 다음해와 그 다음해, 나는 미국으로부터 건축자문과 사진촬영 일을 의뢰받아 전에 거주하던 지역을 한 차례씩 다시 방문했다. 각각 오륙일 간의 짧은 여행일정이었지만, 지인의 차를 얻어 타고 변함없이 여러 곳의 건축물들을 바쁘게 답사했다. 세 번이나 답사에 도전했다가 악천후로 결국 방문하지 못했던 코넬대학, 가장 오래된 공과대학인 렌셀러폴리테크닉대학, 의과대학으로 유명한 존스홉킨스대학, '미노루 야마사키'가 설계한 건축물에 이승만 홀이 마련된 프린스턴대학, '로버트 벤츄리' 설계 건축물을 개수해서 디자인학과동으로 쓰고 있는 드렉셀대학, 그리고 내가 방문교수로 재직했던 펜실베이니아대학……

마치 꿈을 꾸는 듯했다. 예전의 방문교수 시절, 미동부의 이곳저곳을 누비며 건축답사를 하던 시간으로 다시 돌아간 것만 같았다. 언제나처럼 인터넷 위성사진에서 건축물 건립위치와 배치방향을 확인하고, 몇 시에 방문해야 정면으로 빛이 떨어지는지 계산한 후, 가방에 낡은 노트 한 권과 비스킷 몇 조각을 챙겨 넣고, 힘차게 자동차의 액셀러레이터를 밟는, 그 가슴 두근거리던 '살아 있음'의 순간…. 아무쪼록 내가 건축물과 대화하며 떠올린 행복한 감정들을 많은 사람들, 특히 건축을 전공하지 않은 분들께도 나눠주고 싶다. '쓰는 건축(使用)·보는 건축(觀覽)·읽는 건축(感動)'의 맛을 모두 다 느끼실 수 있도록.

* * *

이 책이 출판된 후 재직하고 있는 대학에서 '북 콘서트'를 열었다. 사진전과 음악회 그리고 만찬으로 이어진 행사가 적막한 캠퍼스에 잠시나마 활기를 불어넣었다. 특별히 제작한 사진엽서도 많은 분들에게 큰 호응을 얻었다. 겉은 '책을 통한 문화교류 활동'이었지만 실은 '책을 통한 건축미학 체험'의 성격이 짙었다. 그 후 국내외에서 몇 차례의 건축미학 강연을 더 했고, 다음 달에는 대도시에서 건축사진 초대전이 열릴 예정이다. 그리고 이렇게 일차 인쇄된 책이 전부 소비되어 2쇄를 출간하게 되었다. 그동안 이 책을 구해가신 독자 여러분께 진심으로 감사드린다. 건축이란 결코 무겁고 엄숙한 존재가 아니다. 우리가 매일 걸치는 의복처럼 가볍고 편안하게 음미해도 좋은 것이다. 조용히 카메라를 어깨에 둘러멘다. 또 떠날 때가 되었으므로.

2013년 10월
순천대학교 연구실에서 이동희

부록

등장 건축물 정보

고든 우 홀
명칭 ... Gordon Wu Hall
시공 ... 1983
설계 ... Robert Charles Venturi, Raucb & Scott Brown
위치 ... Goheen Walk or Butler Walk, Princeton, NJ 08540
게재 ... 96

국립미술관 동관
명칭 ... National Gallery of Art, East Building
시공 ... 1971~1978
설계 ... Ieoh Ming Pei
위치 ... 4th & Constitution Avenue NW, Washington, DC 20565
게재 ... 11, 165

구겐하임 미술관
명칭 ... The Solomon R. Guggenheim Museum
시공 ... 1959
설계 ... Frank Lloyd Wright
위치 ... 1071 5th Avenue, New York City, NY 10128
게재 ... 238~244

국립헌법센터
명칭 ... National Constitution Center
시공 ... 2000~2003
설계 ... Ieoh Ming Pei, Pei Cobb Freed & Partners
위치 ... 525 Arch Street, Philadelphia, PA 19106
게재 ... 59~64

길드하우스
명칭	Guild House
시공	1960~1963
설계	Robert Charles Venturi
위치	711 Spring Garden Street, Philadelphia, PA 19123
게재	95

뉴욕 현대미술관
명칭	MoMA: The Museum of Modern Art
시공	1939, 2002
설계	Philip Johnson + Edward Durell Stone, Yoshio Taniguchi
위치	11 West 53rd Street, New York, NY 10019
게재	231, 234~237

낙수장
명칭	Falling Water
시공	1936~1939
설계	Frank Lloyd Wright
위치	1491 Mill Run Road, Mill Run, PA 15464
게재	189~194

다든 비즈니스 스쿨
명칭	Darden School of Business
시공	1992~1996
설계	Robert Arthur Morton Stern
위치	100 Darden Boulevard, Charlottesville, VA 22903
게재	111~113, 291

더 론
명칭	The Lawn
시공	1817
설계	Thomas Jefferson
위치	1826 University Avenue, Charlottesville, VA 22904
게재	109

디스크홀
명칭	Disque Hall
시공	1967
설계	Baeder, Young and Shultz
위치	32 South 32nd Street, Philadelphia, PA 19104
게재	131

독립기념관
명칭	Independence Hall
시공	1732~1753, steeple rebuilt 1828
설계	William Strickland
위치	520 Chestnut Street, Philadelphia, PA 19106
게재	72

로툰다
명칭	The Rotonda
시공	1822~1826
설계	Thomas Jefferson
위치	1826 University Avenue, Charlottesville, VA 22904
게재	104, 106, 109

멀찬츠 익스체인지 빌딩
명칭	Merchants' Exchange Building
시공	1832~1834
설계	William Strickland
위치	143 South 3rd Street, Philadelphia, PA 19106
게재	173

몬티첼로
명칭	Monticello
시공	1794~1805
설계	Thomas Jefferson
위치	931 Thomas Jefferson Pkwy, Charlottesville, VA 22902
게재	100~107

메인빌딩
명칭	The Main Building (Drexel Institute of Technology)
시공	1888~1891
설계	Wilson Brothers & Company
위치	3141 Chestnut Street, Philadelphia, PA 19104
게재	214

미국제2은행
명칭	The Second Bank of the United States
시공	1819~1824
설계	William Strickland
위치	420 Chestnut Street, Philadelphia, PA 19106
게재	173~174

등장 건축물 정보

백악관
명칭	The White House (The South Portico)
시공	1792~1800
설계	James Hoban
위치	1600 Pennsylvania Avenue Northwest, Washington, DC 20500
게재	104, 106

벽화(천국의 홀)
명칭	Heavenly Hall
시공	1988
설계	Mural Arts Program(MAP)
위치	West Girard Avenue & Parkside Avenue, Philadelphia, PA 19140
게재	145

벽화(우리의 필라델피아)
명칭	Our Philadelphia
시공	2004
설계	Mural Arts Program(MAP)
위치	Lancaster Avenue & W. Thompson Street, Philadelphia, PA 19131
게재	148~149

벽화(토요일 오후)
명칭	Saturday Afternoon
시공	2004
설계	Mural Arts Program(MAP)
위치	Lancaster Avenue & West Thompson Street, Philadelphia, PA 19131
게재	146

벽화(프리덤 나우 투어)
명칭	Freedom Now Tour
시공	1965, 2009
설계	Mural Arts Program (MAP)
위치	Lancaster Avenue & Haverford Avenue, Philadelphia, PA 19104
게재	150

베이네크 희귀문헌 도서관
명칭	Beinecke Rare Book and Manuscript Library
시공	1963
설계	Gordon Bunshaft
위치	121 Wall Street, New Haven, CT 06511
게재	206~207

베스 쇼롬 시나고그
명칭	Beth Sholom Synagogue
시공	1953~1959
설계	Frank Lloyd Wright
위치	8231 Old York Road, Elkins Park, PA 19027
게재	90~93

베트남 참전용사 기념비
명칭	Vietnam Veterans Memorial
시공	1982
설계	Maya Lin
위치	Constitution Avenue Northwest, Washington, DC 20242
게재	209

북쪽 주차장
명칭	North Parking Garage in Princeton University
시공	1993
설계	Rodolfo Machado, Jorge Silvetti
위치	East Side of 80 Prospect Avenue, Princeton, NJ 08540
게재	114~119

시라센터
명칭	Cira Centre
시공	2004~2005
설계	Cesar Pelli and Associates
위치	2929 Arch Street, Philadelphia, PA 19104
게재	45, 48~53

브라이언 홀
명칭	Bryan Hall
시공	1995
설계	Michael Graves
위치	112 Cabell Drive, Charlottesville, VA 22903
게재	109

아미쉬마을
명칭	The Amish Village
시공	Unknown
설계	18th century
위치	199 Hartman Bridge Road, Ronks, PA 17572
게재	76

아쿠아 타워

명칭	Aqua Tower
시공	2007~2010
설계	Jeanne Gang
위치	225 North Columbus Drive, Chicago, IL 60601
게재	184~188

어머니의 집

명칭	Vanna Venturi House
시공	1962~1964
설계	Robert Venturi
위치	Millman Street, Philadelphia, PA 19118
게재	94~99

어드만 홀 기숙사

명칭	Eleanor Donnelley Erdman Hall Dormitories
시공	1960~1965
설계	Louis Isadore Kahn
위치	101 North Merion Avenue, Bryn Mawr, PA 19010
게재	246

에드먼드 보스원 연구센터

명칭	Edmund D. Bossone Research Enterprise Center
시공	2003~2005
설계	Ieoh Ming Pei, Pei Cobb Freed and Partners
위치	31st Street & Market Street, Philadelphia, PA 19104
게재	164~169

에프라타 클로이스터 건축물

명칭	Buildings at Ephrata Cloister
시공	Unknown
설계	between 1740 and 1746
위치	632 West Main Street, Ephrata, PA 17522
게재	250~256

예일대학 미술관

명칭	The Yale University Art Gallery
시공	1951~1953
설계	Louis Isadore Kahn
위치	1111 Chapel Street, New Haven, CT 06510
게재	271

엘리스 아일랜드 이민박물관

명칭	Ellis Island Immigration Museum
시공	1897~1900
설계	Edward Lippincott Tilton, William Alciphron Boring
위치	Ellis Island, Manhattan, NY 10004
게재	172

예일 영국미술센터

명칭	Yale Center for British Art
시공	1969~1974
설계	Louis Isadore Kahn
위치	1080 Chapel Street, New Haven, CT 06510
게재	271

원형극장
명칭	McIntire Amphitheatre
시공	1921
설계	Fiske Kimball
위치	112 Cabell Drive, Charlottesville, VA 22903
게재	109

존 에프 케네디 박물관
명칭	The John F. Kennedy Presidential Library and Museum
시공	1977~1979
설계	Ieoh Ming Pei
위치	220 Morrissey Boulevard, Boston, MA 02125
게재	261~266

이스트 파인 홀
명칭	East Pyne Hall
시공	1896~1897
설계	William Appleton Potter
위치	East side of Elm Drive, Princeton, NJ 08542
게재	120~124

케리 토머스 도서관
명칭	M. Carey Thomas Library
시공	1922
설계	Walter Cope and John Stewardson
위치	101 North Merion Avenue, Bryn Mawr, PA 19010
게재	248

등장 건축물 정보

클라우드 게이트

명칭	Cloud Gate
시공	2004~2006
설계	Anish Kapoor
위치	201 East Randolph, Chicago, Illinois 60602
게재	176~183

프랭클린 코트

명칭	Fragments of Franklin Court
시공	1976
설계	Robert Venturi
위치	317 Chestnut Street, Philadelphia, PA 19106
게재	138~143

토마스 제퍼슨 기념관

명칭	Thomas Jefferson Memorial
시공	1938~1943
설계	John Russell Pope
위치	701 West Basin Drive Southwest, Washington, DC 20242
게재	104

피셔 파인 아트 도서관

명칭	The Anne & Jerome Fisher Fine Arts Library
시공	1888~1891
설계	Frank Heyling Furness
위치	220 South 34th Street, Philadelphia, PA 19104
게재	212

필라델피아 30번가 철도역사
명칭	Philadelphia - 30th Street Station
시공	1925~1933
설계	Graham, Anderson, Probst & White (GAP&W)
위치	30th Street, Philadelphia, PA 19104
게재	45

필라델피아 시청
명칭	Philadelphia City Hall
시공	1871~1901
설계	John McArthur, Jr., Thomas U. Walter
위치	South Penn Square, Philadelphia, PA 19107
게재	42, 66, 126, 257~258

필라델피아 미술관
명칭	Philadelphia Museum of Art
시공	1919~1928
설계	Architectural firms of Horace Trumbauer and Zantzinger, Borie and Medary
위치	2600 Benjamin Franklin Parkway, Philadelphia, PA 19130
게재	128, 152~155

허시혼 미술관
명칭	Hirshhorn Museum and Sculpture Garden
시공	1969~1974
설계	Gordon Bunshaft
위치	700 Independence Avenue Southwest, Washington, DC 20560
게재	80~84

허스트 타워
명칭 Hearst Tower
시공 1928, 2006
설계 Joseph Urban,
Norman Robert Foster
위치 300 West 57th Street,
New York, NY 10019
게재 228~232

홀로코스트 메모리얼 뮤지엄
명칭 United States Holocaust
Memorial Museum
시공 1988~1993
설계 James Ingo Freed
위치 100 Raoul wallenberg Place SW,
Washington, DC 20024
게재 85~89

등장 사진 촬영 정보

★ P 등장 페이지, T 촬영시간, F 조리개, S 셔터속도, ISO 감도
(촬영시간 감각은 썸머타임 적용 등으로 한국과 다소 다를 수 있음)

01-01　미국에 새로 마련한 주택으로 처음 들어서는 순간 (펜실베이니아주 브린모어 레드윈아파트)
　　　　P 013, T 10:59, F 4.5, S 1/100, ISO 500

01-02　막막한 심정으로 출입구 바닥에 드러누워 버린 나 (펜실베이니아주 브린모어 레드윈아파트)
　　　　P 014, T 11:10, F 5.0, S 1/100, ISO 500

01-03　지금부터 우리 가족이 생활을 채워나가야 할 빈방 (펜실베이니아주 브린모어 레드윈아파트)
　　　　P 015, T 11:48, F 8.0, S 1/100, ISO 400

01-04　생활의 점이 면으로 이어지길 바라는 발걸음 선들 (펜실베이니아주 브린모어 레드윈아파트)
　　　　P 016, T 10:45, F 11.0, S 1/125, ISO 200

02-01　내가 거주하는 아파트 입구 쪽 모습 (펜실베이니아주 브린모어 레드윈아파트)
　　　　P 019, T 11:35, F 16.0, S 1/160, ISO 200

02-02　내가 거주하는 아파트 정원 쪽 모습 (펜실베이니아주 브린모어 레드윈아파트)
　　　　P 019, T 11:55, F 14.0, S 1/125, ISO 200

02-03　거위가 날아든 아파트 정원 풍경 (펜실베이니아주 브린모어 레드윈아파트)
　　　　P 021, T 13:36, F 5.0, S 1/125, ISO 250

02-04　아파트 주변 나무에서 서식하는 청설모 (펜실베이니아주 브린모어 레드윈아파트)
　　　　P 022, T 15:19, F 3.5, S 1/1250, ISO 200

03-01　폭설로 생명선들이 두절된 주택에서 구원요청을 보내는 풍경
　　　　(펜실베이니아주 브린모어 레드윈아파트)
　　　　P 025, T 23:10, F 5.6, S 30, ISO 200

03-02　눈폭풍이 휘몰아치는 아파트 풍경 (펜실베이니아주 브린모어 레드윈아파트)
　　　　P 027, T 13:11, F 3.5, S 1/1600, ISO 400

03-03 눈에 파묻혀 갈 길을 잃은 차량들 (펜실베이니아주 브린모어 레드윈아파트)
       P 027, T 14:09, F 11.0, S 1/200, ISO 400

04-01 밤이 되면 불을 밝히는 눈집 (펜실베이니아주 브린모어 레드윈아파트)
       P 030, T 17:59, F 3.2, S 1/4, ISO 400

04-02 눈집은 아이들의 놀이터 (펜실베이니아주 브린모어 레드윈아파트)
       P 031, T 17:47, F 2.8, S 1/8, ISO 400

04-03 눈집은 태아적 엄마 뱃속 (펜실베이니아주 브린모어 레드윈아파트)
       P 031, T 18:18, F 3.2, S 1/4, ISO 800

04-04 자신을 녹이려는 태양과 사투를 벌이는 시간 (펜실베이니아주 브린모어 레드윈아파트)
       P 033, T 10:14, F 22.0, S 1/200, ISO 200

05-01 차는 또 하나의 집 (펜실베이니아주 브린모어 레드윈아파트)
       P 036, T 10:53, F 8.0, S 1/250, ISO 200

05-02 차는 움직이는 집 (펜실베이니아주 브린모어 레드윈아파트)
       P 036, T 10:48, F 5.6, S 1/400, ISO 200

06-01 빛을 받으며 필라델피아 거리를 걷고 있는 한 남자 (펜실베이니아주 필라델피아 시내)
       P 040, T 12:59, F 11.0, S 1/250, ISO 200

06-02 건물 벽체 위에 드리운 칠흑 같은 실루엣 (펜실베이니아주 필라델피아 시청 앞)
       P 042, T 13:57, F 16.0, S 1/125, ISO 200

06-03 빛과 그림자가 만들어내는 예술적 실루엣 (펜실베이니아주 필라델피아 시청 앞)
       P 042, T 13:59, F 11.0, S 1/125, ISO 200

07-01 기차가 닿는 신비로운 도시 (펜실베이니아주 필라델피아 30번가 철도역)
       P 045, T 18:19, F 11, S 1/4, ISO 200

07-02 오색빛 조명이 가득한 도시 (펜실베이니아주 롱우드가든)
       P 047, T 18:30, F 2.8, S 1/80, ISO 800

08-01 밤길에 북극성처럼 길잡이가 되어 주는 건축 (펜실베이니아주 필라델피아 페어마운트공원 강가)
       P 050, T 20:45, F 14.0, S 15, ISO 200

08-02　도시의 새로운 상징으로 자리매김한 건축 (펜실베이니아주 필라델피아 30번가 철도역 부근)
　　　　P 052, T 16:00, F 20.0, S 1/160, ISO 200

08-03　길 잃은 구름도 잠시 머물다 가는 유리의 성 (펜실베이니아주 필라델피아 시라센터 앞)
　　　　P 053, T 17:19, F 14.0, S 1/160, ISO 500

09-01　유리창에 투영되는 오피스 빌딩 (일리노이주 시카고 시내)
　　　　P 055, T 10:08, F 10.0, S 1/80, ISO 200

09-02　유리창이 그려내는 추상화 그림 (펜실베이니아주 필라델피아 시내)
　　　　P 056, T 14:00, F 13.0, S 1/125, ISO 200

10-01　고정된 건축물과 움직이는 인간이 만들어내는 한 폭의 그림 (펜실베이니아주 필라델피아 국립헌법센터)
　　　　P 060, T 12:54, F 13.0, S 1/125, ISO 200

10-02　이 건축을 거니는 사람들이 저 건축을 바라보는 풍경 (펜실베이니아주 필라델피아 국립헌법센터)
　　　　P 060, T 12:58, F 13.0, S 1/100, ISO 200

10-03　건축 안으로 들어온 건축 (펜실베이니아주 필라델피아 국립헌법센터)
　　　　P 062, T 12:44, F 16.0, S 1/125, ISO 320

11-01　건축물 일층통로를 걷고 있는 부부 (펜실베이니아주 필라델피아 시청)
　　　　P 066, T 13:54, F 5.0, S 1/80, ISO 640

11-02　건축물 지하통로를 걷고 있는 소녀 (펜실베이니아주 브린모어역)
　　　　P 068, T 14:53, F 7.1, S 1/60, ISO 200

12-01　전동휠체어를 타고 거리를 산책하는 장애인 (펜실베이니아주 필라델피아 대학도시)
　　　　P 071, T 15:01, F 10.0, S 1/120, ISO 200

12-02　단차가 없고 통행 폭이 넓은 공공건축물 접근로 (펜실베이니아주 필라델피아 올드시티)
　　　　P 072, T 14:00, F 10.0, S 1/120, ISO 200

12-03　조명이 밝고 바닥이 평탄한 지하철 내부 통행로 (펜실베이니아주 필라델피아 SEPTA 지하철)
　　　　P 073, T 14:42, F 5.0, S 1/50, ISO 640

13-01　편지를 기다리는 집 (펜실베이니아주 아미쉬마을)
　　　　P 076, T 19:12, F 5.6, S 1/125, ISO 200

등장 사진 촬영 정보

13-02　그리운 사람에게 연필로 쓰는 편지 (펜실베이니아주 브린모어 레드윈아파트)
　　　　P 078, T 15:44, F 4.5, S 1/100, ISO 200

14-01　하늘을 동그랗게 오려내어 연못에 담아 낸 건축 (워싱턴 DC 허시혼 미술관)
　　　　P 081, T 16:27, F 11.0, S 1/125, ISO 200

14-02　어른들의 휴식처와 아이들의 놀이터로 개방된 건축 (워싱턴 DC 허시혼 미술관)
　　　　P 082, T 16:22, F 11.0, S 1/100, ISO 200

14-03　커다란 도넛을 지상에 살짝 띄워 놓은 듯한 건축 (워싱턴 DC 허시혼 미술관)
　　　　P 083, T 16:19, F 14.0, S 1/125, ISO 200

15-01　창과 틀이 서로 뒤바뀐 창문의 내부 모습 (워싱턴 DC)
　　　　P 086, T 15:57, F 6.3, S 1/60, ISO 250

15-02　창과 틀이 서로 뒤바뀐 창문의 외부 모습 (워싱턴 DC)
　　　　P 086, T 15:32, F 11.0, S 1/100, ISO 200

15-03　홀로코스트 메모리얼 뮤지엄 정면 풍경 (워싱턴 DC)
　　　　P 088, T 15:57, F 11.0, S 1/100, ISO 200

16-01　베스 쇼롬 유대인 교회 전경 (펜실베이니아주 엘킨스 파크)
　　　　P 091, T 13:21, F 18.0, S 1/160, ISO 200

16-02　베스 쇼롬 유대인 교회 내부 (펜실베이니아주 엘킨스 파크)
　　　　P 091, T 14:24, F 7.1, S 1/60, ISO 640

17-01　어머니의 집 전면 모습 (펜실베이니아주 체스넛힐)
　　　　P 095, T 13:03, F 13.0, S 1/60, ISO 200

17-02　어머니의 집 후면 모습 (펜실베이니아주 체스넛힐)
　　　　P 096, T 12:35, F 16.0, S 1/125, ISO 200

17-03　2층 어머니의 침실 풍경 (펜실베이니아주 체스넛힐)
　　　　P 097, T 12:52, F 6.3, S 1/80, ISO 200

17-04　어머니의 집 설계 밑그림 (펜실베이니아주 체스넛힐)
　　　　P 098, T 12:54, F 6.3, S 1/100, ISO 200

18-01   연못 수면에 반사된 몬티첼로 (버지니아주 샬러츠빌)
         P 101, T 11:26, F 14.0, S 1/125, ISO 200

18-02   푸른 초원 위의 몬티첼로 (버지니아주 샬러츠빌)
         P 102, T 11:34, F 14.0, S 1/125, ISO 200

18-03   몬티첼로 북쪽 날개 건물 풍경 (버지니아주 샬러츠빌)
         P 104, T 11:54, F 8.0, S 1/80, ISO 250

18-04   토머스 제퍼슨의 묘지명 (버지니아주 샬러츠빌)
         P 105, T 12:08, F 8.0, S 1/125, ISO 200

19-01   브라이언홀과 원형극장 풍경 (버지니아주 샬러츠빌 버지니아대학)
         P 109, T 14:04, F 16.0, S 1/125, ISO 200

19-02   로툰다 정면 풍경 (버지니아주 샬러츠빌 버지니아대학)
         P 110, T 14:21, F 16.0, S 1/125, ISO 200

19-03   다든 비즈니스 스쿨 풍경 (버지니아주 샬러츠빌 버지니아대학)
         P 111, T 17:09, F 13.0, S 1/100, ISO 200

19-04   다든 비즈니스 스쿨 중앙홀 창문 풍경 (버지니아주 샬러츠빌 버지니아대학)
         P 112, T 18:12, F 4.2, S 1/50, ISO 500

20-01   프린스턴대학 북쪽 주차장(North Garage) 전경 (뉴저지주 프린스턴대학)
         P 115, T 17:06, F 14.0, S 1/125, ISO 200

20-02   프린스턴대학 북쪽 주차장(North Garage) 청동제 격자망 (뉴저지주 프린스턴대학)
         P 116, T 17:07, F 14.0, S 1/125, ISO 200

20-03   프린스턴대학 북쪽 주차장(North Garage) 차량 출입구 (뉴저지주 프린스턴대학)
         P 117, T 17:27, F 5.6, S 1/60, ISO 200

20-04   프린스턴대학 북쪽 주차장(North Garage) 주차공간 (뉴저지주 프린스턴대학)
         P 118, T 17:17, F 5.0, S 1/40, ISO 640

21-01   프린스턴대학 이스트 파인 홀(East Pyne Hall) 출입구 (뉴저지주 프린스턴대학)
         P 121, T 13:39, F 14.0, S 1/125, ISO 200

21-02   프린스턴대학 이스트 파인 홀(East Pyne Hall) 통행로 (뉴저지주 프린스턴대학)
        P 121, T 13:38, F 14.0, S 1/125, ISO 200

21-03   프린스턴대학 이스트 파인 홀(East Pyne Hall) 안마당 (뉴저지주 프린스턴대학)
        P 122, T 13:41, F 16.0, S 1/125, ISO 200

21-04   프린스턴대학 이스트 파인 홀(East Pyne Hall) 지붕선 (뉴저지주 프린스턴대학)
        P 123, T 13:42, F 16.0, S 1/125, ISO 200

22-01   도시를 향해 뭔가를 주장하는 듯한 소년 동상 (펜실베이니아주 필라델피아 시청 앞)
        P 126, T 16:50, F 8.0, S 1/125, ISO 200

22-02   젊은이가 미래의 꿈을 키워나갈 수 있는 도시환경 (펜실베이니아주 필라델피아 미술관)
        P 128, T 14:24, F 7.1, S 1/125, ISO 200

23-01   건물들 사이에서 솟아오르는 분수 (펜실베이니아주 드렉셀대학)
        P 131, T 18:48, F 13.0, S 1/160, ISO 200

23-02   날개의 파닥거림을 멈추고 물가를 찾아든 새 (펜실베이니아주 브린모어 레드윈아파트)
        P 132, T 13:34, F 4.5, S 1/500, ISO 640

24-01   날개를 펴고 이륙하는 갈매기 (펜실베이니아주 델라웨어강변)
        P 135, T 12:29, F 8.0, S 1/800, ISO 200

24-02   날개를 접고 착륙하는 갈매기 (펜실베이니아주 델라웨어강변)
        P 136, T 12:21, F 8.0, S 1/800, ISO 200

25-01   프랭클린 코트 진입 통로 (펜실베이니아주 필라델피아 올드시티)
        P 139, T 11:28, F 13.0, S 1/125, ISO 200

25-02   프린팅 오피스 건물 윤곽 재현 (펜실베이니아주 필라델피아 올드시티)
        P 140, T 11:30, F 16.0, S 1/125, ISO 200

25-03   프랭클린 하우스 건물 윤곽 재현 (펜실베이니아주 필라델피아 올드시티)
        P 141, T 11:43, F 20.0, S 1/125, ISO 200

25-04   프랭클린 하우스 창틀과 건물 윤곽 골조 그림자 (펜실베이니아주 필라델피아 올드시티)
        P 142, T 11:47, F 16.0, S 1/200, ISO 200

26-01   벽화: 천국의 홀(Heavenly Hall, 1988) (펜실베이니아주 필라델피아 시내)
         P 145, T 12:49, F 16.0, S 1/160, ISO 200

26-02   벽화: 토요일 오후(Saturday Afternoon, 2004) (펜실베이니아주 필라델피아 시내)
         P 146, T 12:57, F 13.0, S 1/100, ISO 200

26-03   벽화: 우리의 필라델피아(Our Philadelphia, 2004) (펜실베이니아주 필라델피아 시내)
         P 148, T 12:56, F 8.0, S 1/125, ISO 200

26-04   벽화: 프리덤 나우 투어(Freedom Now Tour, 1965, 2009) (펜실베이니아주 필라델피아 시내)
         P 150, T 13:46, F 8.0, S 1/125, ISO 200

27-01   추억이 담겨지는 건축공간 (펜실베이니아주 필라델피아 미술관)
         P 153, T 15:37, F 4.0, S 1/640, ISO 200

27-02   기억이 박제되는 건축공간 (펜실베이니아주 필라델피아 미술관)
         P 154, T 14:00, F 22.0, S 1/200, ISO 200

28-01   시인이 생각나는 건축 (펜실베이니아주 리머릭 원자력발전소)
         P 157, T 14:25, F 16.0, S 1/125, ISO 200

28-02   시인처럼 떠나가는 민들레 홀씨 (펜실베이니아주 브린모어 레드윈아파트)
         P 158, T 11:07, F 3.2, S 1/3200, ISO 200

29-01   스와스모어대학 앞의 상점들 (펜실베이니아주 스와스모어대학 부근)
         P 161, T 16:03, F 16.0, S 1/160, ISO 200

29-02   스와스모어대학의 잔디밭 (펜실베이니아주 스와스모어대학)
         P 162, T 18:49, F 7.1, S 1/60, ISO 200

30-01   뾰족뾰족 삼각형 건축물 전면 (펜실베이니아주 필라델피아 드렉셀대학)
         P 165, T 18:22, F 13.0, S 1/100, ISO 200

30-02   뾰족뾰족 삼각형 건축물 측면 (펜실베이니아주 필라델피아 드렉셀대학)
         P 166, T 17:40, F 16.0, S 1/125, ISO 200

30-03   뾰족뾰족 삼각형 건축물 실내 예각부분 (펜실베이니아주 필라델피아 드렉셀대학)
         P 168, T 17:22, F 10.0, S 1/100, ISO 320

31-01　여행에서 만나는 아름다운 자연풍경 (캐나다 온타리오주 나이아가라 폭포)
　　　P 171, T 13:34, F 14.0, S 1/125, ISO 200

31-02　여행에서 만나는 운치 있는 건축물 (뉴욕주 엘리스 아일랜드 이민박물관)
　　　P 172, T 14:15, F 10.0, S 1/100, ISO 400

31-03　여행에서 만나는 운치 있는 건축물 (펜실베이니아주 필라델피아 미국 제2은행)
　　　P 173, T 13:38, F 22.0, S 1/125, ISO 640

31-04　여행은 또 다른 자기 자신과의 만남 (펜실베이니아주 필라델피아 미국 제2은행)
　　　P 174, T 13:40, F 22.0, S 1/160, ISO 640

32-01　클라우드 게이트 조형물의 낮 풍경 (일리노이주 시카고 밀레니엄공원)
　　　P 177, T 12:38, F 10.0, S 1/80, ISO 320

32-02　클라우드 게이트 조형물의 밤 풍경 (일리노이주 시카고 밀레니엄공원)
　　　P 178, T 22:32, F 2.8, S 1/2, ISO 400

32-03　클라우드 게이트 조형물 안에서 밖을 바라본 풍경 (일리노이주 시카고 밀레니엄공원)
　　　P 180, T 13:22, F 8.0, S 1/60, ISO 320

32-04　클라우드 게이트 조형물 안에서 위를 바라본 풍경 (일리노이주 시카고 밀레니엄공원)
　　　P 182, T 13:19, F 6.3, S 1/40, ISO 320

33-01　아쿠아 타워 정면 모습 (일리노이주 시카고 시내)
　　　P 185, T 10:00, F 16.0, S 1/125, ISO 200

33-02　아쿠아 타워 상세 모습 (일리노이주 시카고 시내)
　　　P 186, T 10:00, F 16.0, S 1/125, ISO 200

34-01　수목들 사이로 바라다 보이는 낙수장 풍경 (펜실베이니아주 피츠버그)
　　　P 190, T 12:49, F 6.3, S 1/40, ISO 400

34-02　폭포 위에 척 걸터앉은 낙수장 풍경 (펜실베이니아주 피츠버그)
　　　P 191, T 10:30, F 5.6, S 1/125, ISO 200

34-03　개울과 바로 연결되어 있는 낙수장 계단 (펜실베이니아주 피츠버그)
　　　P 192, T 12:43, F 5.0, S 1/30, ISO 250

34-04 나무를 피해 둥글게 처리한 건축부재 (펜실베이니아주 피츠버그)
       P 193, T 12:40, F 6.3, S 1/50, ISO 200

35-01 해질 무렵의 주유소 풍경 (인디애나주 고속도로 휴게실)
       P 196, T 19:57, F 22.0, S 1/2, ISO 200

35-02 해질 무렵의 건축물 풍경 (펜실베이니아주 브린모어 이스트 랭커스터 애비뉴)
       P 197, T 17:10, F 5.6, S 1/30, ISO 1000

35-03 우리가 머물 마을로 들어서는 길 (펜실베이니아주 브린모어 이스트 랭커스터 애비뉴)
       P 198, T 17:43, F 6.3, S 1/100, ISO 800

36-01 꿈을 꾸는 공간 (펜실베이니아주 필라델피아 드렉셀대학 조리과학과 강의실)
       P 201, T 16:30, F 2.8, S 1/60, ISO 400

36-02 꿈을 가슴에 품은 전등 (펜실베이니아주 브린모어 레드원아파트)
       P 203, T 11:59, F 9.0, S 1/125, ISO 200

37-01 예일대학 베이네크 희귀문헌 도서관 앞을 걷고 있는 여학생 (코네티컷주 뉴헤이븐 예일대학)
       P 206, T 12:13, F 18.0, S 1/160, ISO 200

37-02 예일대학 여학생이 설계한 베트남 참전용사 기념비 (워싱턴 DC)
       P 209, T 14:40, F 13.0, S 1/125, ISO 200

38-01 한국건축 관련서적이 적은 미국의 대학도서관 (펜실베이니아주 필라델피아 펜실베이니아대학)
       P 212, T 16:10, F 9.0, S 1/100, ISO 200

38-02 한국전통건축 사진전이 열린 메인빌딩 전경 (펜실베이니아주 필라델피아 드렉셀대학)
       P 214, T 09:50, F 13.0, S 1/125, ISO 200

38-03 한국전통건축 사진전이 열린 스웨덴버그 도서관 전경 (펜실베이니아주 브린애슨 브린애슨대학)
       P 216, T 12:54, F 13.0, S 1/100, ISO 200

38-04 한국전통건축 강연회가 열린 스웨덴버그 도서관 내부 (펜실베이니아주 브린애슨 브린애슨대학)
       P 217, T 16:13, F 4.0, S 1/20, ISO 400

39-01 한국전통건축 사진전 풍경 (펜실베이니아주 필라델피아 필립제이슨 갤러리)
       P 220, T 14:48, F 11.0, S 1/4, ISO 200

39-02 관람객들에게 사진작품을 설명하는 모습 (펜실베이니아주 필라델피아 필립제이슨 갤러리)
P 223, T 17:25, F 4.0, S 1/50, ISO: 400

39-03 한국전통건축 사진전 풍경 (펜실베이니아주 필라델피아 린클리프 갤러리)
P 224, T 12:42, F 8.0, S 1/1.3, ISO 320

39-04 한국전통건축 사진전을 관람하는 미국인 (펜실베이니아주 필라델피아 린클리프 갤러리)
P 226, T 13:04, F 5.0, S 1, ISO 200

40-01 허스트 타워를 바라보며 걷는 길 (뉴욕 맨해튼 거리)
P 229, T 14:44, F 16.0, S 1/125, ISO 200

40-02 현대미술관 옆을 스치는 길 (뉴욕 맨해튼 거리)
P 231, T 15:02, F 5.6, S 1/80, ISO 200

41-01 벽체에 반사된 현대미술관(MoMA) 간판 (뉴욕 맨해튼 현대미술관)
P 234, T 12:43, F 11.0, S 1/125, ISO 400

41-02 현대미술관 3층 복도에서 건너편을 바라본 모습 (뉴욕 맨해튼 현대미술관)
P 235, T 16:52, F 3.5, S 1/40, ISO 400

41-03 현대미술관에 전시된 건축 단면 상세 모형 (뉴욕 맨해튼 현대미술관)
P 236, T 14:55, F 3.5, S 1/25, ISO 400

41-04 현대미술관에 전시된 한국 건축가 설계작품 (뉴욕 맨해튼 현대미술관)
P 237, T 15:06, F 3.2, S 1/40, ISO 400

42-01 달팽이처럼 생긴 구겐하임 미술관 정면 모습 (뉴욕 맨해튼)
P 240, T 15:58, F 11.0, S 1/80, ISO 200

42-02 달팽이 모양으로 올라가는 구겐하임 미술관 내부 동선 (뉴욕 맨해튼)
P 242, T 16:19, F 6.3, S 1/30, ISO 500

42-03 구겐하임 미술관 커피숍에서 휴식을 취하며 (뉴욕 맨해튼)
P 243, T 17:07, F 5.0, S 1/60, ISO 200

43-01 낙엽이 흩날리는 캠퍼스 (펜실베이니아주 브린모어 브린모어대학)
P 246, T 13:54, F 13.0, S 1/200, ISO 200

43-02　캐리토머스 도서관의 중정 (펜실베이니아주 브린모어 브린모어대학)
　　　　P 248, T 13:13, F 18.0, S 1/125, ISO 200

44-01　그들이 단체로 모여 살던 큰 가옥 (펜실베이니아주 에프라타 클로이스터 마을)
　　　　P 251, T 14:36, F 11.0, S 1/100, ISO 200

44-02　가족 단위로 모여 살던 작은 가옥 (펜실베이니아주 에프라타 클로이스터 마을)
　　　　P 252, T 14:25, F 9.0, S 1/80, ISO 200

44-03　삶의 흔적이 묻어 있는 창호 (펜실베이니아주 에프라타 클로이스터 마을)
　　　　P 254, T 14:19, F 10.0, S 1/80, ISO 200

44-04　그들이 떠난 창가의 모습 (펜실베이니아주 에프라타 클로이스터 마을)
　　　　P 255, T 14:21, F 4.0, S 1/100, ISO 200

45-01　파란 하늘을 배경으로 우뚝 솟아오른 건축물 (펜실베이니아주 필라델피아 시청)
　　　　P 258, T 13:36, F 16.0, S 1/125, ISO 200

45-02　빛줄기가 건축물을 아름답게 만들어준 풍경 (펜실베이니아주 브린모어 레드윈아파트)
　　　　P 259, T 14:45, F 14.0, S 1/125, ISO 200

46-01　눈이 내려 쌓이는 케네디 박물관 정면 풍경 (메사추세츠주 보스턴)
　　　　P 262, T 13:14, F 11.0, S 1/125, ISO 200

46-02　눈이 내려 쌓이는 케네디 박물관 광장 풍경 (메사추세츠주 보스턴)
　　　　P 264, T 13:15, F 10.0, S 1/100, ISO 200

46-03　바다가 내려다보이는 케네디 박물관 유리창 풍경 (메사추세츠주 보스턴)
　　　　P 265, T 13:19, F 6.3, S 1/30, ISO 400

47-01　호텔 후원에 조용히 내려 쌓이고 있는 눈 (코네티컷주 뉴헤이븐)
　　　　P 268, T 19:27, F 8.0, S 1, ISO 200

47-02　안락한 침대가 마련되어 있는 호텔 방 (코네티컷주 뉴헤이븐)
　　　　P 270, T 18:49, F 5.6, S 1/8, ISO 400

48-01　어둠이 내리는 아파트 저녁 풍경 (펜실베이니아주 브린모어 레드윈아파트)
　　　　P 273, T 15:04, F 11.0, S 1/100, ISO 200

등장 사진 촬영 정보

48-02   눈썰매 타는 것이 신나는 아이들 (펜실베이니아주 브린모어 레드윈아파트)
        P 274, T 15:42, F 4.0, S 1/400, ISO 200

48-03   눈썰매 타는 것이 즐거운 아이들 (펜실베이니아주 브린모어 레드윈아파트)
        P 275, T 15:38, F 3.2, S 1/500, ISO 200

49-01   자꾸만 생각나는 집 (펜실베이니아주 웨스트시티 에비뉴)
        P 278, T 16:45, F 13.0, S 1/125, ISO 200

49-02   눈 감으면 생각나는 집 (펜실베이니아주 카운티 린 로드)
        P 280, T 16:36, F 13.0, S 1/125, ISO 200

50-01   나를 한국으로 데려다 줄 비행기 (샌프란시스코 국제공항)
        P 283, T 14:10, F 16.0, S 1/125, ISO 200

50-02   미국에서의 수많은 추억들을 뒤로하고 (유나이티드항공 0893편)
        P 284, T 17:18, F 4.0, S 1/100, ISO 200

찾아보기

ㄱ

가지 않은 길(시) 277
감도(ISO) 33, 66
강철 141
거울효과 177
거주자 26, 28, 184, 251, 255
건축가 39, 45, 46, 48, 49, 59, 86, 87, 89, 90, 91, 92, 94, 96, 97, 99, 100, 106, 107
건축교육 210
건축문화 3, 218, 287
건축문화유산 213
건축박물관 92, 117
건축부재 142, 193
건축사진 120, 223, 260, 275, 277, 288
건축설계 132, 165, 167, 237
건축잡지 184, 186
건축재료 25, 118, 230
건축평면 169
건축학자 38, 64, 96, 225, 228, 287
격자망 115, 116, 119
격자무늬 85, 86
격자형 230
경사로 73, 239
고독(노래) 195
고돈 206
고든 우 홀 96, 290
고정관념 169, 239
골조 25, 138, 141, 142, 230
공공미술 147
공간사용 167
공동체 92, 127, 251
공모전 177, 210
공생(共生) 132
공서(共棲) 132

관광자원 151
광장 132, 264
교도소 151
교차로 151
구겐하임 미술관 238, 239, 240, 242, 243, 244, 290
구원요청(SOS) 25, 26
구조체 26, 58, 175
국립미술관 165
국립헌법센터 10, 59, 60, 61, 62, 290
국제연합 87
군자삼락 107
군집성(群集性) 67
귀천(歸天) 159
그린빌딩위원회 230
근대건축 98, 117, 228
길드하우스 95, 291
김영준 237

ㄴ

나고야 92
나이아가라 폭포 170
낙수장 189, 190, 191, 192, 193, 194, 291
날개 건물 104, 106
네츄럴 일루미넌스 86
노먼 포스터 228, 230
노멀라이제이션 73
노면기차 146
노예 104, 106, 150, 151
노출시간 33, 258
누정(樓亭) 194, 213
눈집 20, 29, 30, 31, 32
눈폭풍 24, 27, 267, 270
뉴욕 228, 230, 233, 236, 238, 239, 244

뉴욕 현대미술관 236, 291
뉴저지주 5, 115, 116, 117, 118, 121, 122, 123

ㄷ

다든 비즈니스 스쿨 111, 112, 113, 291
다큐멘터리 151
다트머스대학 269
단면도 236
대우주 32
대통령 100, 101, 105, 106, 107, 108, 113, 265, 266
대학교수 107
대학촌 49
더 론 109, 292
데생 276
도면 113, 222, 287
도서관 104, 106, 206, 210, 211, 212, 216, 217, 248, 249, 256, 295, 299, 300
도시환경 128, 134, 176
독락당 193
독립기념관 38, 72, 292
독립선언문 38, 100, 101
독일 침례교 251
돔 106, 110, 112, 113
드렉셀대학 20, 45, 131, 146, 164, 165, 166, 169, 201, 203, 214, 287
드렉셀 컬렉션 224
디스크 홀 131, 292
디지털 일안 반사식 카메라(DSLR) 66

ㄹ

랜드마크 49, 240
랭커스터 에비뉴 146, 147, 150
레드윈아파트 13, 14, 15, 16, 19, 21, 22, 25, 27, 30, 31, 33, 36, 78, 132, 158, 203, 259, 273, 274, 275
레보우 분수 131
레이크 하우스(영화) 75
레코드판 155
로마 96, 110, 112, 113
로버트 디스크 131
로버트 벤츄리 94, 96, 139, 140, 287
로버트 에이엠 스턴 112
로버트 프로스트 227
로툰다 104, 106, 109, 110, 112, 239, 243, 292
루브르박물관 59
루이스 칸 39, 40, 43, 96, 246
르 코르뷔지에 105
리머릭 원자력발전소 156, 157
린클리프 갤러리 224, 226

ㅁ

마사키 엔도 86
마야 린 210
마켓 스트리트 165
마틴 루터 킹 목사 150
매직 아워 187
맨해튼 229, 231, 234, 235, 236, 237, 240, 243, 238
멀찬츠 익스체인지 빌딩 173, 293
메모리얼 데이 209
메사추세츠만 265, 266
메인빌딩 214, 293
모듈 230
모마(MoMA) 230
몬티첼로 101, 103, 104, 105, 106, 107, 108, 293
묘비 100, 101, 107
무장애디자인 73
물아일체 113
물질문명 183
물질주의 128
뮤지엄 152, 155
미국 제2은행 173, 174

미로(迷路) 119
미첼 그래이브스 109
미학(美學) 29, 119, 135, 136, 218, 219, 222, 227, 260
미호미술관 59
민들레 158
밀레니엄 공원 176

ㅂ

바나 벤츄리 하우스 94
바닥면적 20, 80
박공 106, 142
박물관 85, 87, 89, 141, 218
박물관 거리 239
발코니 79, 82, 104, 186, 187
백악관 104, 106, 294
버네큘러 디자인 254
버지니아대학 100, 105, 107, 108, 109, 110, 111, 112, 113
버지니아주 5, 100, 101, 103, 104, 105, 106, 109, 110, 111, 112
버지니아주 의사당 106
버쳐 251
베스 쇼롬 유대인 교회 91
베어런 189
베이네크 희귀문헌 도서관 206, 210, 295
베이젤 251
베터리 28
베트남 참전용사 기념비 209, 210, 295
벤자민 프랭클린 138, 141, 143
벽창(壁窓) 109
벽화예술 147, 151
변용(變容, 變用) 175, 224
보스턴 257, 261, 263, 264, 265, 269
본채 106, 193
부유(浮游) 29, 137, 250
분수(噴水) 82, 83, 84, 130, 132, 133, 202

뷰포인트 192
브라이언홀 109
브린모어 13, 14, 15, 16, 19, 21, 22, 25, 27, 30, 31, 33, 36, 68, 78, 132, 147, 158, 197, 198, 203, 246, 248, 259, 273, 274, 275, 284
브린모어대학 245, 246, 248
브린애슨대학 216, 217
비격자형 230

ㅅ

사각형 123, 127, 161, 167, 206
사저(私邸) 105, 108
사진작가 153, 223, 225
사진작업 219, 225
삼각대 14, 25, 178, 187
삼각박공 113
삼각뿔 92
삼각형 164, 165, 166, 167, 169, 230, 266
삼간(三間) 224
상하수도 25
샌프란시스코 국제공항 283
생명줄 13
샬러츠빌 101, 103, 104, 105, 106, 109, 110, 111, 112
서재필 220
선창(線窓) 86
설계작품 90, 96, 113, 117, 237
설비 시스템 25, 28
세계문화유산 105, 108
세인트요셉스대학 281
센트럴파크 238
셔터 117, 172, 174, 194, 197, 239, 281
셔터속도 25, 66, 136, 259
소쇄원 193
소우주 32
쇼핑몰 65, 156
숀 코네리 49

수반(水盤) 111, 113
수백당 237
스와스모어대학 161, 162
스웨덴버그 도서관 216, 217
스틸 92
승효상 237
시내산 91
시라센터 49, 52, 53, 296
시월애(영화) 75
시저 펠리 49, 52
시학(詩學) 227
시카고 55, 75, 176, 177, 178, 180, 182, 183, 185, 186, 188
신전건축 113, 155
실내공간 35, 82, 93
실루엣 32, 39, 42, 60, 61, 78
실린더형 240
심미안 164
십계명 91

ㅇ

아니쉬 카푸어 177, 183
아메리칸 의과대학 61
아미쉬(마을) 76, 79, 251, 296
아이비리그 대학 117, 162
아이엠페이 59, 61, 164, 165, 167, 266
아이콘(icon) 49, 52
아치창 113
아치형 109, 120, 121, 142, 143, 182, 249, 281
아쿠아 타워 185, 186, 297
아키노트 243
알루미늄 92
야드 바솀 홀로코스트 히스토리 뮤지엄 87
액자 123, 156
어린 시절(노래) 101
에드먼드 보스윈 연구센터 164, 297

에드워드 스톤 230
에드워드 틸톤 172
에로 사리넨 96
에프라타 클로이스터 250, 251, 252, 254, 255, 298
엔트랩먼트(영화) 49
엘리베이터 73
엘리스 아일랜드 이민박물관 172, 298
엘킨스 파크 90, 91
엠아이티대학 257, 269
엠포리스 186
역발상 151
연립주택 18, 19
열섬현상 134
영감 87, 91
영혼의 사원 240
예각(銳角) 165, 169
예배당 91, 92
예술가 147, 151, 177, 276
예술성 147, 222
예일대학 96, 206, 209, 210, 267, 269, 298
예일대학 미술관 271, 298
예일 영국미술센터 271, 298
오아시스 130
오피스 건물 54, 140
온돌 22, 217
올드욕 거리 90
요셉 어번 230
요시오 타니구치 232
욕실 23
우주 32, 84, 159, 183
우주관 213
우편함 75, 78, 79
워싱턴 DC 81, 82, 83, 85, 86, 88, 104, 219, 210
원방각(圓方角) 123, 167
원형극장 109, 299
월선(月船) 84
웨스트 시티 에비뉴 281

윌리암 보링 172
윌리암 스트릭랜드 173
윌리암 애플톤 121
유네스코 105, 108, 217
유니버설디자인 73
유대인 85, 87, 91, 92, 93
유령의 집 141, 142
유리벽 49, 53, 230
유리창 40, 54, 55, 56, 58, 60, 61, 169, 194, 198, 230, 232, 237, 261, 263, 265
유리 피라미드 59
유방건강 49
유희(遊戲) 108, 135, 142
윤회(輪廻) 159
이민박물관 172, 298
이별의 노래(노래) 244
이스라엘 87
이스트 파인 홀 120, 121, 122, 123, 299
이용복(가수) 101
인공빛 43, 274
인디에나주 196
인디펜던스 내셔널 히스토리컬 파크 59
인본주의 213
인생길 46, 158, 170, 285
인쇄소 141
인터넷 6, 14, 15, 28, 191, 208, 228, 288
일본건축 211, 212
일본인 21, 87, 232, 282

전동휠체어 71
전망대 48
전시장 54, 58, 72, 216, 223, 227, 234, 236, 237, 244
전시회 3, 216, 218, 220, 222, 226, 233, 235
전통마을 127, 213
점선면(點線面) 17
정신문명 183
제국호텔 92
제임스 잉고 프리드 87
제퍼슨 기념관 104, 300
조리개값 258
조명 23, 45, 47, 73
조셉 윌슨 214
조형물 176, 177, 178, 180, 182, 183, 210
조형원리 213, 217
존 에프 케네디 261, 266, 299
좌식생활 21
주상복합 186
주차장 34, 114, 115, 116, 117, 118, 119, 126, 127, 190, 233, 269, 296
줄기둥 113
중국건축 211, 212
중세시대 116, 119
중우주 32
중정(中庭) 81, 82, 121, 225, 248
증언의 방 85
진갱 186, 187
진혼제 159
집단수용소 87
집회실 127

ㅈ

자유의 종 72
자하재 237
잠금장치 28
장애물 65, 73
장애인 28, 71, 72, 73, 74, 101
적설량 24

ㅊ

차경(借景) 60
창틀 56, 85, 142
천상병(시인) 159
천지인(天地人) 123, 167

천창 109, 112, 113, 235
첨탑 72, 123, 259, 286
청동 113, 116
체스넛 힐 95, 86, 97, 98
추가열(가수) 70
추모시설 89, 210
축척 236
측량기계 113
측창 235
친환경건축물 230
최백호(가수) 195

ㅋ
칸딘스키 243, 244
카프만 189
캔틸레버 192
캠퍼스 106, 108, 116, 117, 120, 121, 160, 245, 246, 249, 269, 288
캠핑카 35
커뮤니티 91, 92
케리 토머스 도서관 249, 299
콘서트장 155
콘센트 23
콘크리트 4, 52, 82, 83, 92, 119, 127, 133, 134, 163, 193
콜게이트 다든 112
클라우드 게이트 176, 177, 178, 180, 182, 183, 300
클로이스터 역사지구 250
킴벨미술관 39

ㅌ
타임머신 78
테라스 20, 79, 80, 90, 192
테이프 리코더 175, 225
템플대학 20
토머스 제퍼슨 100, 101, 105, 108

통로 19, 61, 66, 67, 68, 93, 139, 143, 269, 285
통행인 52, 65, 68
통화제도 101
투구 90, 91, 92

ㅍ
파르테논 신전 152, 173
파사드 206, 230
판테온 112, 113
포스트 모더니즘 95, 112
페트로나스 트윈 타워 49
펜실베이니아대학 2, 5, 20, 39, 96, 147, 212, 287
편의시설 72
푸시킨 157, 158, 159
프랭크 로이드 라이트 90, 92, 93, 189, 238
프랭크 헤이링 212
프랭클린 코트 139, 141, 143, 300
프리츠커상 96
프린스턴대학 96, 114, 115, 116, 117, 118, 119, 120, 121, 122, 123, 287
피사체 40, 121, 203
피셔 파인 아트 도서관 212, 300
피스크 킴벨 109
피신처 269
피츠버그 189, 190, 191, 192, 193
필라델피아 10, 18, 20, 38, 39, 43, 40, 46, 49, 50, 52, 53, 54, 56, 59, 60, 61, 62, 71, 72, 73, 95, 96, 97, 130, 138, 139, 140, 141, 142, 145, 146, 147, 148, 150, 151, 153, 155, 164, 165, 166, 169, 173, 174, 201, 212, 214, 220, 223, 224, 226, 232, 269, 282, 294
필라델피아공항 285
필라델피아 미술관 128, 152, 153, 155, 301
필라델피아 시청 42, 66, 126, 258, 301
필라델피아 30번가 철도역 45, 52, 301
필립제이슨 갤러리 220, 223

필립 존슨 230

ㅎ

하버드대학 257, 265, 269
하버포드 에비뉴 150
하이테크 건축 230
한국건축 211, 212, 213, 216, 217
한국인 21, 89, 213, 216, 282
한국전통건축 211, 214, 216, 217, 218, 219, 220, 223, 224, 225, 226, 227
한국전통공간연구회 219
한국회관 92
합일사상 213
해학(諧謔) 213
핵가족화 37
행복해요(노래) 70
화씨 130
화이트밸런스 33
화이트 홀 259
화장실 23, 25, 198, 285
허리케인 187
허시혼 미술관 81, 82, 83, 301
허스트 타워 228, 229, 230, 302
헨리 윌슨 214
현대건축 61, 75, 96, 117, 236
현대미술관 230, 231, 233, 234, 235, 236, 237
형학(形學) 227
호모사피엔스 203
홀로코스트 메모리얼 뮤지엄 85, 88, 302
회랑 119
휠체어 73, 127, 239

이동희 교수의
미국건축 이야기
Essay on American Architecture by Dong-Hee Lee
ⓒ Dong-Hee Lee, 2013

초판 1쇄 발행 2013년 2월 28일
초판 2쇄 발행 2013년 12월 5일
개정판 1쇄 발행 2021년 5월 30일

지은이	이동희
펴낸이	김대석
펴낸곳	상상
출판등록	2016-000004
주소	서울시 성동구 아차산로 107 베컴빌딩 201호
전화	02.6052.0111
이메일	sangsang1210@naver.com
ISBN	979-11-88978-13-7

* 이 책은 저작권법에 따라 보호받는 저작물이므로 무단 전재와 무단 복제를 금지하며,
  이 책 내용의 전부 또는 일부를 이용하려면 반드시 저작권자와 상상의 서면 동의를 받아야 합니다.